浙江省普通高校"十三五"新形态教材
高等院校艺术设计专业精品系列教材

数位板服装效果图绘制教程

张建兴 编著

中国轻工业出版社

图书在版编目（CIP）数据

数位板服装效果图绘制教程 / 张建兴编著. —北京：中国轻工业出版社，2022.11

ISBN 978-7-5184-4089-4

Ⅰ. ①数… Ⅱ. ①张… Ⅲ. ①服装设计—效果图—绘画技法—教材 Ⅳ. ①TS941.28

中国版本图书馆 CIP 数据核字（2022）第 143494 号

责任编辑：李　红　　责任终审：李建华　　整体设计：锋尚设计

策划编辑：李　红　　责任校对：宋绿叶　　责任监印：张　可

出版发行：中国轻工业出版社（北京东长安街6号，邮编：100740）

印　　刷：艺堂印刷（天津）有限公司

经　　销：各地新华书店

版　　次：2022年11月第1版第1次印刷

开　　本：889 × 1194　1/16　印张：9.25

字　　数：260千字

书　　号：ISBN 978-7-5184-4089-4　定价：49.80元

邮购电话：010-65241695

发行电话：010-85119835　传真：85113293

网　　址：http://www.chlip.com.cn

Email：club@chlip.com.cn

如发现图书残缺请与我社邮购联系调换

210132J2X101ZBW

前言
PREFACE

服装设计产业是时尚创意产业，服装企业具有自主创新能力，不断开发设计新产品，才能够更好地在市场生存。

数字绘图软件引入服装设计领域后，以其方便易学、操作简便和表现力强等特点，很快成为设计师的主要工具，逐渐成为设计的重要表现手段之一。现阶段普遍使用 Adobe Photoshop（Ps）、Adobe Illustrator（Ai）等平面设计软件进行服装设计表达工作，以平面表达为主，绘制服装效果图和款式图。

数位板服装设计教程是以服装设计为主线，使用数位板和数位屏等设备，以绘图软件为辅助，讲解如何完成服装设计任务，注重项目化教学，符合实践教学规律，使软件各类功能的应用更加贴近服装设计，为实现服装设计任务服务。本教材为了便于理清学习思路，分为软件基础、图形设计与绘制、款式图设计与绘制、服装效果图设计与绘制四个模块，按照从基础到综合应用的思路逐步深入，培养学生应用绘图软件完成服装设计的综合能力。

本书的完成得到了企业与教育主管部门的大力支持，在编写时参考和借鉴了大量国内外优秀的设计案例，在此向为本书做出过贡献的人士表示由衷感谢。

编著者

2022 年 2 月

目录
CONTENTS

第一章

数位板服装设计基础

PPT 课件

章节要点

单元概述：了解课程概况、内容、用途、特征。

单元重点：了解课程目标和要求、课程架构、涉及软件。

单元难点：Ps/Ai形状绘制。

单元思政：职业素质。

使用软件/工具：Ps/Ai。

单元总学时：8学时（理论1学时、演示3学时、实训4学时）。

1.1 计算机绘画

计算机绘画

1.1.1 数字绘画

计算机数字绘画，也称CG绘画、数字绘画，是一种使用计算机软件和设备的新的绘画形式，具有可复制性，可以反复修改，各种工具比传统手工绘画更加便捷，目前广泛应用于设计、插画、广告、游戏等领域，表现时尚潮流的文化与商业内容，已经成为现阶段主流的设计与艺术创作手段。数字绘画使用的设备主要有：数位板、数位屏、平板电脑、台式机的鼠标等（图1.1.1、图1.1.2）。

图1.1.1 数位板绘画和设计

图1.1.2 数位屏绘画和设计

数位板和电脑就像绘画的笔与纸。选择软件进行绘画，绘图软件一般使用Ps、Ai、SAI、Procreate。数字绘画虽然能依靠计算机方便地呈现不错的效果，但掌握绘画和设计基础知识是不可或缺的，例如造型能力，对光影的理解，了解色彩关系、透视关系、人体造型等。

数位板作图开始时会让人不习惯，线条都很难画流畅，坚持下来就会适应。初学阶段可以多临摹一些优秀作品，熟悉软件和工具，经过一段时间的练习，就能够较为熟练地掌握这些绘制技巧，逐渐形成具有自己特色的表现方式了。

传统绘画是画在纸、布等材料上，难以修改，数字绘画是画在屏幕上，因此也称屏上艺术，能够方便地修改和复制，数字绘画相对于传统绘画具有以下特点：

（1）可擦除、不可见与可反悔。利用数位板进行创作时，可以直接倒回上一步擦除不满意的部分，也可以完全彻底删除。数字绘画分有图层，如果图层影响观察，或者暂时不需要，可以关闭该图层可见，能够更加专注于某一个局部。有误操作时，可以返回上一步，给绘制工作带来了极大便利。

（2）可复制性和时效性。可复制性是数位板绘画的一个重要特征，数字艺术的可复制性使得作品更容易传播，但同时也带来艺术品价值评定方面的难题。数字艺术一旦创作成功，进入传播途径，应该说每个人手中的作品都是相同的，不具有所谓唯一的“真品”，因此，数字绘画更多表现时效、时尚内容，更加注重内容与传播，带有时效传媒的属性。

（3）可放大、缩小。可放大、缩小是数位板绘画的主要特征，可将图像放大到十分微观层面上的绘画，这使得绘画能够达成十分细腻的效果。在欣赏时，图像也可以自由放大或缩小。尤其是矢量图，放大后也不会失真。

（4）准确便捷使用颜色。数字绘画中，颜色有自己的色号，不受环境的影响，保证了色彩的稳定性，相对于传统绘画，使用色彩填色、渐变与混合都十分方便快捷，而且成本低廉。

1.1.2 数字绘画与服装设计

设计（Design）意指计划、构思、设立方案。服装设计是指服装制造和销售的计划工作，内容包括：服装企划、款式设计和结构设计。服装设计的过程是：信息资料—分析资料—产生创意—形成想法—设计—设计确认。

服装设计发展至今，从过去的手绘方式逐渐演变为手绘和计算机结合的综合方式，随着各类设计软件的出现，设计工作的形式也在不断更新，过去因为工具的局限，设计重点放在效果图和款式图上，对于面辅料设计、色彩设计、主题设计、风格设计、细节设计、波段设计等力不从心，很难使整体设计完整得以表现。数字绘画利用绘图软件，辅助完成服装设计工作，把设计的重点放在了整体设计上，使设计师更容易把握设计工作全局，提高服装设计工作的质量（图1.1.3）。

设计是一项系统性工作，渗透整个产品流程体系，服装产品流程与岗位及设计密切相关。ZARA是国际著名的连锁零售品牌，作为快时尚的代表，能够在短短一周的时间完成服装商品周期，其主要运营思路之一是“倒过来设计”，即根据遍布全球的销售网络搜集消费诉求信息，然后根据市场需求快速完成设计与生产，改变了从设计开始再到终端销售的格局。

绘图软件不仅是设计的辅助工具，更是设计工作的手段。软件由众多工具构成，工具的组合使用能形成一整套处理设计问题的工作方法，帮助设计师理清设计思路，完善设计内容，方便快捷地完成设计工作，提高了设计工作的效率和质量。

图1.1.3 绘图软件与服装设计

数码软件在服装设计中应用广泛，常用在服装款式图、效果图和服装设计企划上（图1.1.4～图1.1.6）。

使用软件可以直接在服装图片上更换颜色和图形，方便在互联网上根据客户要求设计个性化服装；或者根据客户需求对服装进行设计和改动（图1.1.7）。

图1.1.4　数字绘画的服装款式图

图1.1.6　Ps制作的服装设计企划

图1.1.5　数位板绘制的服装效果图

图片　衣服选择　图案

去图案背景，调整位置　选择性粘贴—贴入　完成

图1.1.7　在服装图片上进行更改设计

在数码软件上设计可以更方便地观察设计效果，并快速得到多个设计方案，便于观察和选择，提高设计工作效率（图1.1.8）。

1.1.3 课程设备

现阶段设计界普遍使用的数字绘画设备包括：数位板、数位屏、平板电脑、台式机的鼠标等。选择设备要根据实际需求，采取适用原则。

（1）数位板。又名绘图板、绘画板、手绘板等，是计算机输入设备的一种，由一块板子和一支压感笔组成，就像画板和画笔，压感笔可以根据需要调节笔触，笔触生动自然，具有手绘的效果。绘制时用力画出的线条粗，不用力画出的线条轻淡。数位板的喷枪，有喷墨效果，根据笔倾斜的角度，喷出扇形等。常结合Painter、Photoshop等绘图软件，可以绘制出各种风格的作品，如油画、水彩画、素描等。

选择数位板主要是考虑：压感级别、读取速度、读取分辨率、绘画区域、压感笔。

①压感级别，即数位板能感应到的通过压感笔所传递的压力级数。常见的有1024级、2048级、4096级和8192级四个压感级别。参数越高，随着下笔力度的变化，笔迹的细节变化越明显。

②读取速度，是运笔和屏幕显示的同步率，常见的读取速度有200点/秒、220点/秒和266点/秒等。点动成线，线条是由点组成的，数字越大，读取速度越快，无论手速多快，电脑都能同步显示，不会有断点和不均匀的滞后现象。

图1.1.8 观察不同色彩搭配效果

③读取分辨率，图像水平或垂直方向上，每英寸的网线数量称作读取分辨率。目前常见的读取分辨率有2540LPI、5080LPI等。读取分辨率越高，读取到的数据越多，图像锯齿越少，表现的细节越丰富，图像也就越清晰，成像质量就越高。

④绘画区域，又名工作区域，即可以绘画的面积。数位板上能够绘画的地方就是绘画区域。数位板的尺寸，一般可以分为中号面板，大号面板，小号面板。以A4纸作为参照物，中号面板大约是半张A4纸大小，大号面板大约是1张A4纸大小。大尺寸的数位板可以进行更精细的绘制操作，小尺寸的数位板操作区域小，会束手束脚。

⑤压感笔，压感笔已经发展了四代，第一代是有源有线笔，需要充电，使用期间需要连线，创作时有诸多不方便，目前已经被淘汰。第二代是有源电池笔，不需要连线使用，不需要充电，电池供电，电池耗尽后可更换电池，这种压感笔一般比较笨重，长时间使用容易手累。第三代是有源充电笔，使用过程中不需要连线，内置可充电电池，电量耗尽后，可连线充电续航。第四代为无源无线笔，采用电磁感应技术，无须充电，无须连线，随时随地拿起笔就能画，是现阶段的主流产品。

（2）数位屏。将显示器与数位板整合于一身，用户可以使用其配套的压感笔在手绘液晶屏幕上直接进行绘制输入。数位屏节省空间，实现手眼一致，模式直观、高效，而数位板则需要过渡，手眼分离再加上板面大小不同还会产生错位问题，使很多习惯在纸上作画的用户难以适应，而绘画液晶屏则可以很好地解决这些问题。

目前，数位屏被平板电脑所取代，介于纸绘和板绘之间，轻便且直观，不会像板绘那样手眼分离。平板电脑上可以选择各类绘画软件，例如绘画App：Procreate、Art Set、Medibang、Autodesk Sketchbook等。

课堂练习

（1）服装设计为什么需要使用数字绘画?

（2）你接触过哪些绘画软件？各有什么特点?

1.2 数字绘画与服装设计

数字绘画与服装设计 Ps　　数字绘画与服装设计 Ai

现阶段数位板服装设计使用的软件主要有Adobe Photoshop（以下简称Ps）、Adobe Illustrator（以下简称Ai）、CorelDRAW（以下简称CDR）和SAI。本教程选择现阶段设计界普遍使用的Ps和Ai作为示范软件工具（图1.2.1）。

图1.2.1　Ps和Ai软件图标

以Adobe家族绘图软件为代表的软件日趋标准化，软件的操作界面与操作方法十分相近，且容易上手。

Ps是制作和处理位图的软件，Ai是绘制矢量文件为主的软件。位图由像素构成，矢量图由数学上一系列连接的点构成（图1.2.2）。位图：分辨率大就清晰，分辨率小就模糊，常用分辨率为300dpi（指在一英寸的面积中有300个像素单位）。位图色彩模式有：RGB（常用色彩模式）、CMYK（印刷模式）。

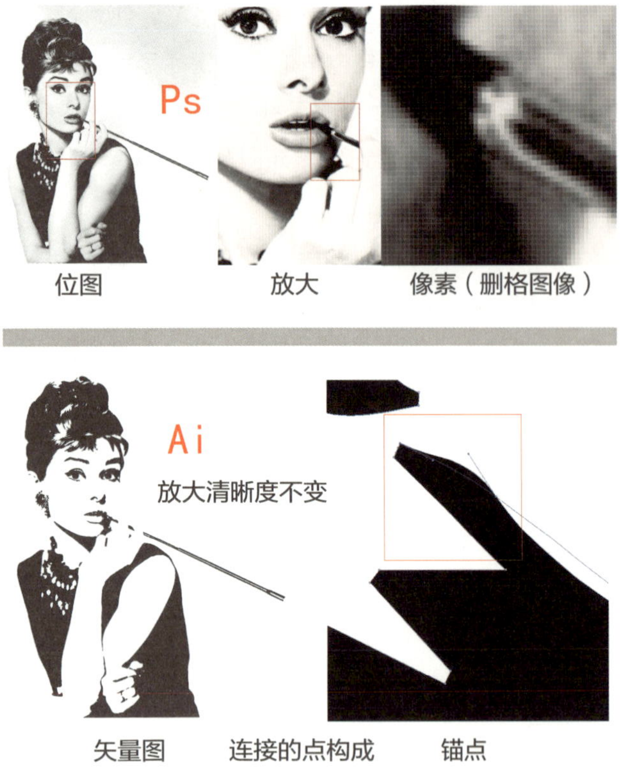

图1.2.2　位图与矢量图

1.2.1　Photoshop简介

Ps中工具和菜单命令众多，没必要一一熟识，只要熟悉本专业常用的工具即可。Ps的主要功能包括：选择、图像处理和绘制。

（1）选择。形状的选择在Ps里非常重要，是Ps软件的重要功能，因此Ps里提供了多种选择方式。包括框选、手动选择、自动选择、精准选择、路径选择和色彩选择等类型，其中钢笔、图层蒙版和色彩范围选择是常用的选择工具（图1.2.3）。

图1.2.3　Ps选择类工具

（2）图像处理。图像处理是Ps的主要功能，工具和技法众多，分为：形状处理、色调处理、肌理处理、合成处理和画面处理。其中变换、图像调整和滤镜是常用的图像处理工具（图1.2.4）。

（3）绘制。Ps不仅能修改美化图片，也可以通过画笔、颜色等工具绘制图形，可以表现手绘的效果。Ps常用图层、通道、路径。

Ps绘制在服装设计中主要应用在服装效果图方面，结合数位板和手绘屏等外接设备，可以更好、更快地完成绘制（图1.2.5、图1.2.6）。

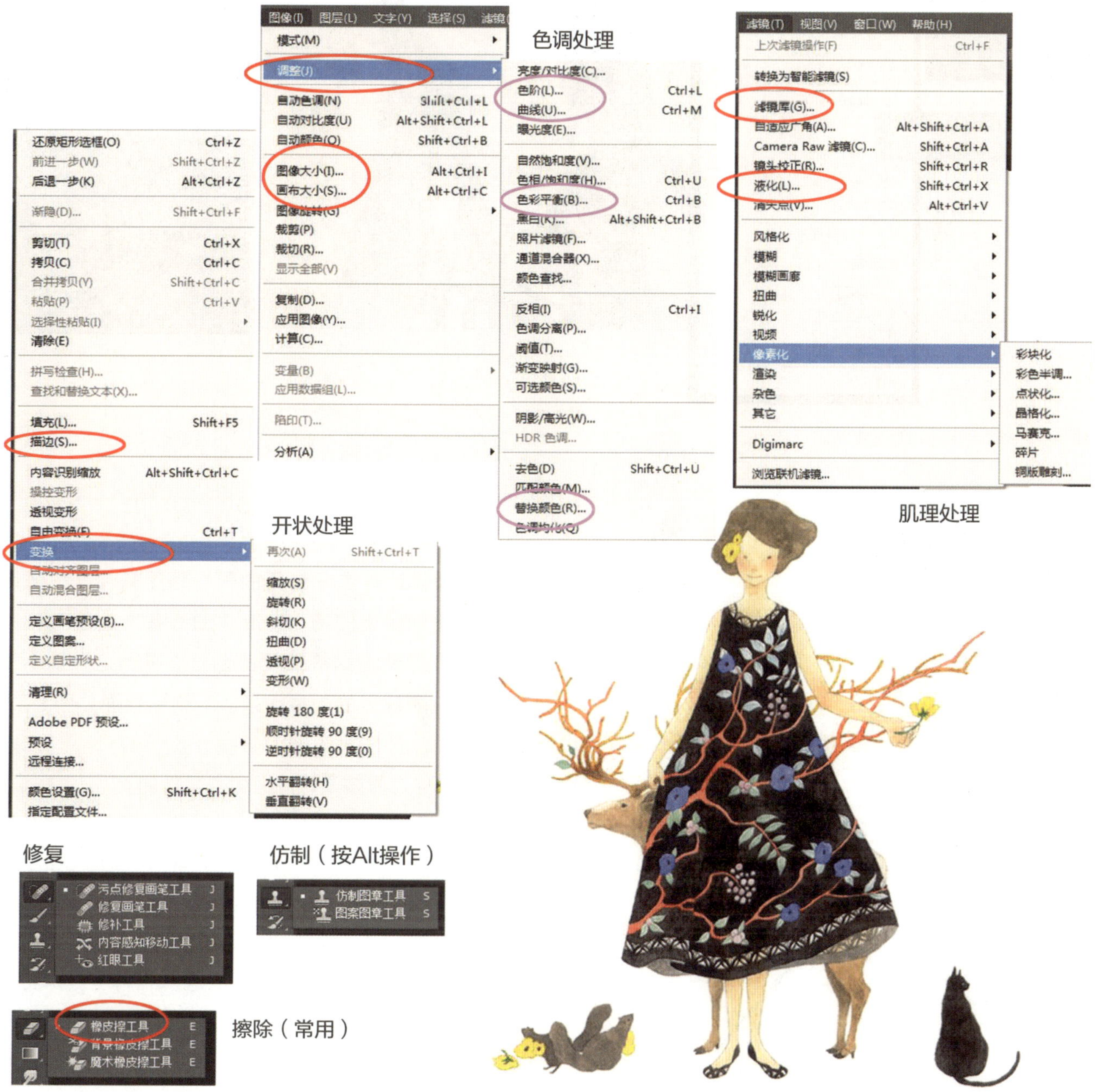

图1.2.4　Ps图像处理工具

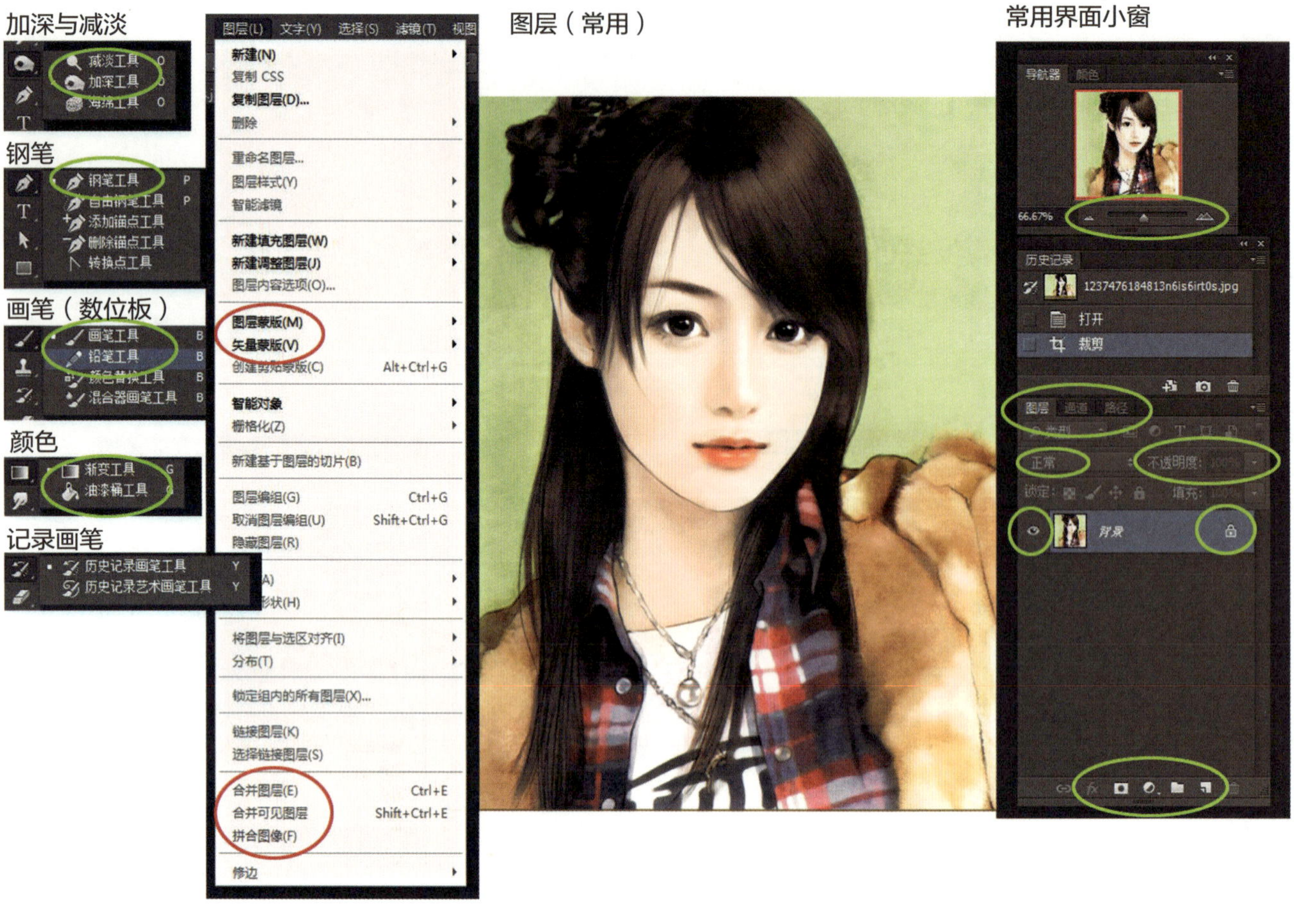

图1.2.5　数位板结合Ps绘制工具

图1.2.6　数位板结合图像处理与绘制

1.2.2　Adobe illustrator简介

Ai为设计界广泛使用的矢量绘图软件，在服装设计方面能绘出流畅而有变化的线条，这是Ps很难做到的，即使是钢笔工具，也无法得到这种清晰干净而富有表现力的矢量线条。Ai软件界面如图1.2.7所示。

Ai软件在服装设计方面的主要功能有：

（1）绘制。使用钢笔工具、形状工具绘制各种形态。利用锚点对形态进行改动。使用基本绘图工具时，在工作区中单击可以弹出相应的对话框，在对话框中可以对工具的属性进行精确设置。

对象—路径—添加锚点，即可在所选定路径每对现有锚点之间的中间位置添加一个新的锚点，因此使用该命令处理过的路径上的锚点数量将加倍。所添加锚点的类型取决于选定路径的类型，如果选定的路径是平滑线段，则添加的锚点为平滑点;如果选定的路径是直线段，则添加的锚点为直角点。

（2）设色。通过设色工具、色板对形态和线条进行色彩填充、透明度和渐变处理。

（3）精准绘图。各种标尺和参考线保证精准绘图。从标尺中拖出参考线时，按住鼠标左键的同时按下Alt键可以在水平或垂直参考线之间切换。

选定路径或者对象后，打开视图—参考线—建立参考线，使用选定的路径或者对象创建参考线，释放参考线，生成原路径或者对象。

Ai矢量图线条优美，表现细腻，作品如图1.2.8所示。

Ps擅长图片处理、色彩、色调；Ai擅长线稿描绘、字体等，绘图时可以先用Ai画好基础，再到Ps中设色和调整（图1.2.9～图1.2.11）。

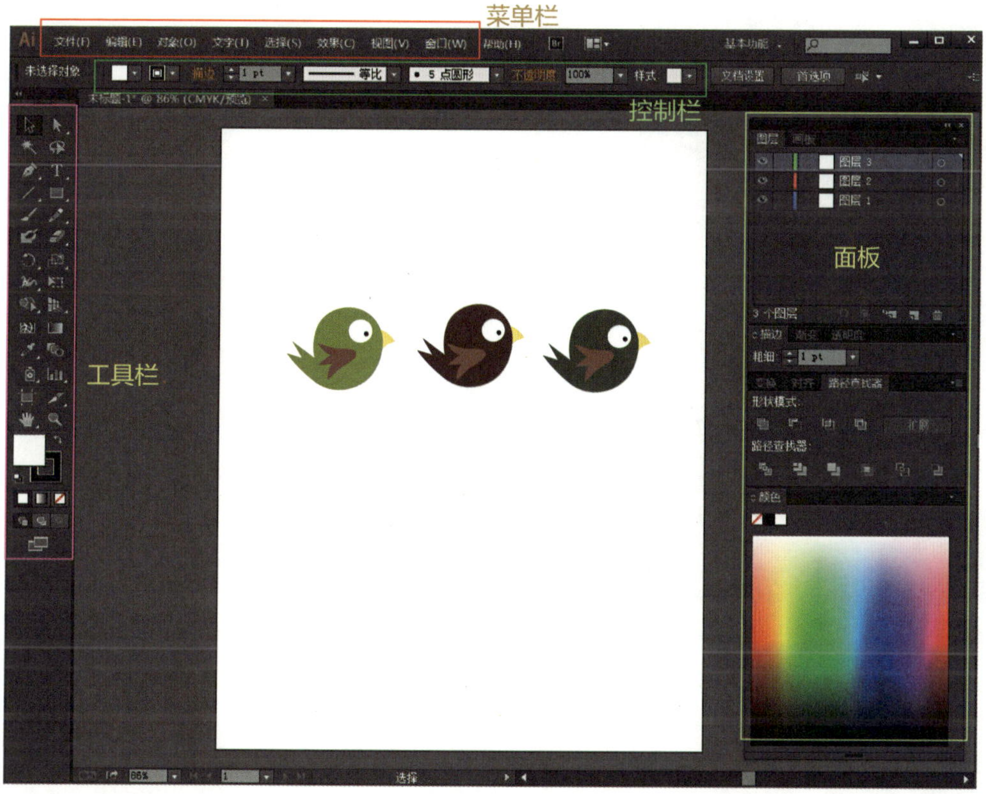

图1.2.7　Ai软件界面

图1.2.8　Ai矢量图作品

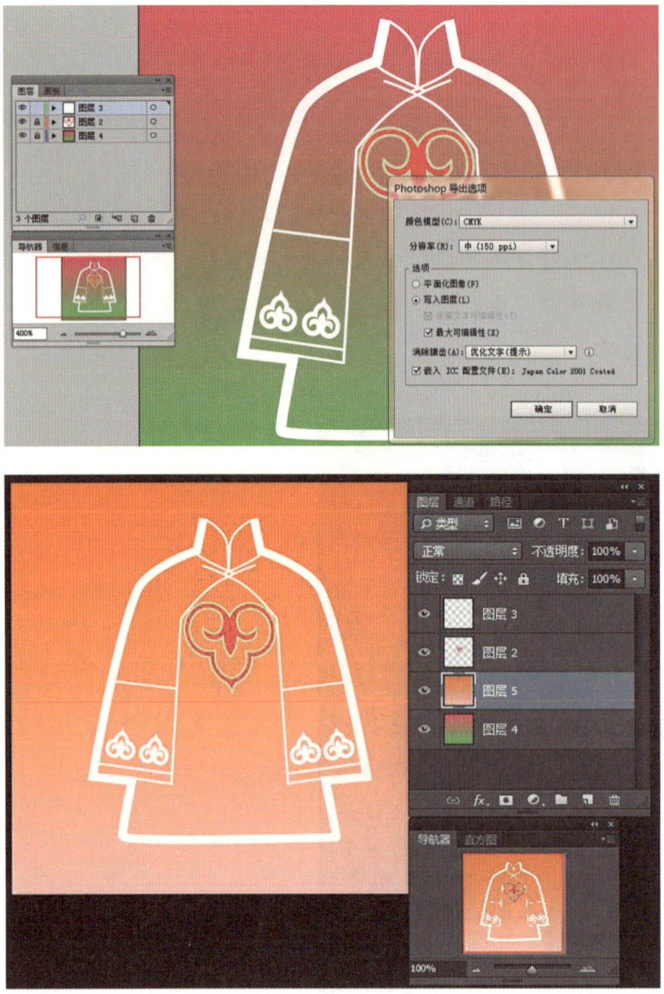

图1.2.9　Ai文件导出psd格式文件

图1.2.10　综合应用案例（一）

图1.2.11　综合应用案例（二）

1.2.3 学习方法

Ps和Ai软件上手快，容易操作，使用方便，但需要通过实践逐步掌握各种技能，一旦熟练后，能够更好地自由发挥，结合数位板的使用，通用软件具有更好的即时性，可以顺畅表达设计意图，要结合专业学习，不断摸索操作技能，提高自身的软件使用水平。

（1）熟能生巧。作为专业工作的辅助工具，软件由众多菜单和工具组成，初学时会感到无从下手，步骤容易出差错，操作不熟练，耗时较多。只有通过一定量的练习，软件使用才会逐渐熟练起来，最终操作会变成一种下意识的动作，速度得到提高。同时，熟悉软件操作，会逐渐形成一套自己习惯的流程，能够更好地适应设计工作。

（2）审美眼光。从操作的角度而言，软件并不复杂，普遍容易上手，易于学习和掌握。但是掌握了怎样做并不代表能做好，设计类作品很难有一个标准来评价，自己费很大劲设计的作品，却得不到市场认可，就只能孤芳自赏了。

好的设计作品通常是得到市场和行业普遍认可的作品，具有市场和审美双重特性，有很多优秀作品值得借鉴，观赏世界或地区公认的优秀作品，有助于感受时尚审美气息，久而久之，这些感受会逐渐形成自己对时尚设计的审美判断，自身的时尚审美眼光也能够得到不同程度的提高，从而在完成设计工作时自觉地根据评判标准调整设计，做出符合时代要求的优秀作品。

获取时尚审美的途径，除了观赏世界级大师的作品和著名品牌作品外，还可以通过观看时尚期刊、浏览时尚网站和时装秀获得。

此外，服装设计并不是孤立于时代的，同一时期还有很多艺术形式在影响着这个时代的审美观，同属于视觉设计和艺术范畴的有：影视、摄影、绘画、建筑、工艺品、装置艺术、实用装饰、工业设计、产品设计和平面设计等，只要热爱设计和艺术，就能不断地从中获取设计工作的能量。

经常手绘也能够提高审美、造型和视觉设计能力，通过对相关事物的观察和描摹，体会形态的美感。

（3）善于学习和模仿。阅读、教程、视频、观察、分析和模仿是软件学习的主要途径。

阅读有关设计的文献，关注设计前沿思想和技术，提高设计理论水平。教程是软件学习的主要途径，教程能够很好地讲解软件使用的过程，常综合几种工具，演示某一种效果如何完成，学习视频教程，针对性强，跟着教程一步步学习，通过模仿对使用方法进一步熟悉，能最终变成自己所掌握的技能。

（4）职业素质。认真、细心、耐心和条理是设计师的基本职业素质。

认真对待每一个步骤，养成观察习惯，及时发现不足之处，力求完美；细心绘制，不草率，安排好各个部件，对齐对准，描绘弧度圆顺，作品页面整洁干净，构图美观，具有设计的形式感。

耐心就是能坐得住，要完成一幅细腻美观的作品，需要在绘制上下功夫，也需要不断改动和调整，时间常以小时、天来计算，实际上从事设计工作，同样是夜以继日地坐在屏幕前绘图，没有足够的耐心很难胜任。

条理是指合理的工作步骤，越是细致的图，步骤越复杂，需要头脑清晰，知道整个流程和局部流程，才能保证工作质量。例如Ps图层，常开十几层，有时多达几十层，容易混乱，给关键图层“起名”，做到条理清晰，便于工作顺畅进行。

（5）个性发掘。技能操作熟练以后，为了“更上一层楼”，使自己的作品独具个性，让人一眼看到就知道是谁的作品，则需要设计人员有独特的个性。个性是随着技能的熟练，逐渐形成的一套自己的表现方法，越往高处走，这种个体鲜明特征越明显。

设计的个性特征是设计人员成为设计师的标志，设计表现的个性化说明设计师已经能够很好地驾驭设计表现，同时也会把这种自身对设计的独到理解带到设计作品中，为市场带来更多独特的设计作品。

（6）以创新为荣。创新是服装行业持续发展的根本所在，一味抄袭阻碍了设计人员的提高之路，创新是一项费时费力的工作，没有照抄来得容易、快捷，但是抄久了会形成惰性，使自己的设计能力停滞不前，逐渐拉大与他人的差距。

设计人员应建立以创新为荣的心态，保持良好的创新状态，以饱满的热情从事设计工作，当一个设计人员热爱设计创新，就会从中得到快乐，自觉地花大量时间去钻研，不断设计出好的作品，提升自身的设计能力。

课堂练习

（1）位图和矢量图有什么区别？适用于哪些方面？
（2）设计师应该具备哪些职业素质？

1.3 综合实训一 数位板操作基础

实训内容：数位板的设置与使用。
实训目的：掌握数位板设置，能够使用数位板绘制图形。
实训要点：根据个人的使用习惯和使用软件设置参数，不断调试，达到最佳效果。重点是钢笔压力、笔刷、形状动态、传递。
实训步骤：连接设备—官网下载驱动—安装驱动—数位板属性—属性设置—调试—Ps画笔调试。
注意事项：初学者选择默认值即可，熟悉以后再根据需要调整。

1.3.1 数位板设置与使用

数位板的设置与使用有多种方式，具体见图1.3.1～图1.3.15。

图1.3.1 连接和启动数位板（数位屏）

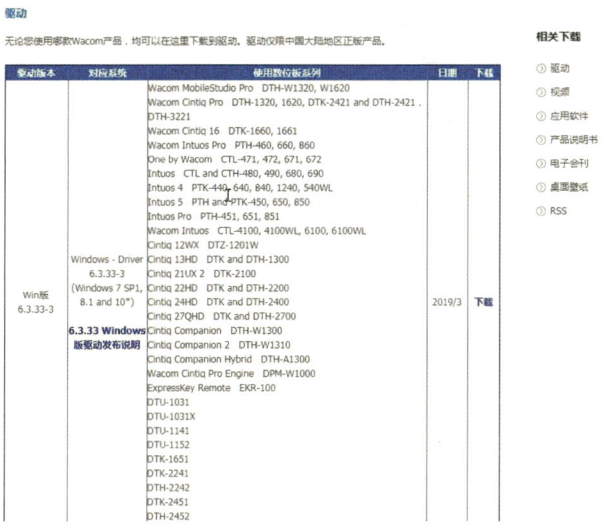

图1.3.2　计算机下载数位板驱动

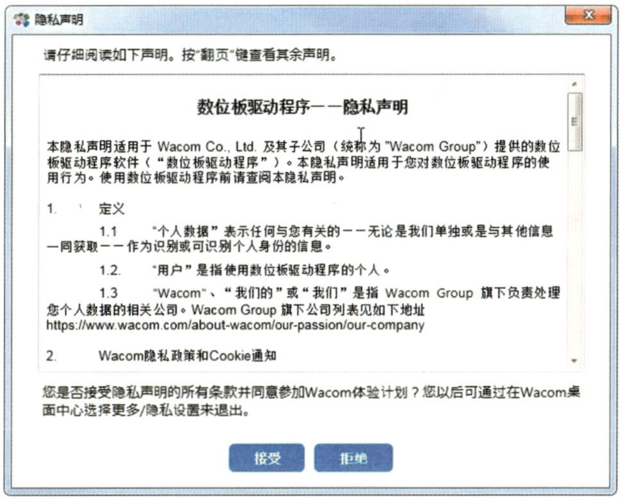

图1.3.3　按照安装提示安装数位板驱动

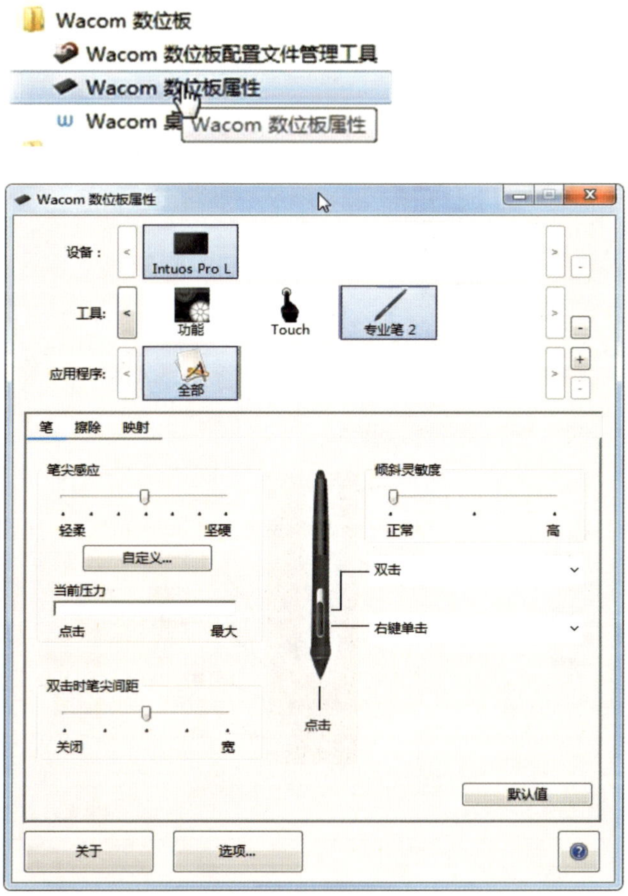

图1.3.4　打开数位板属性界面

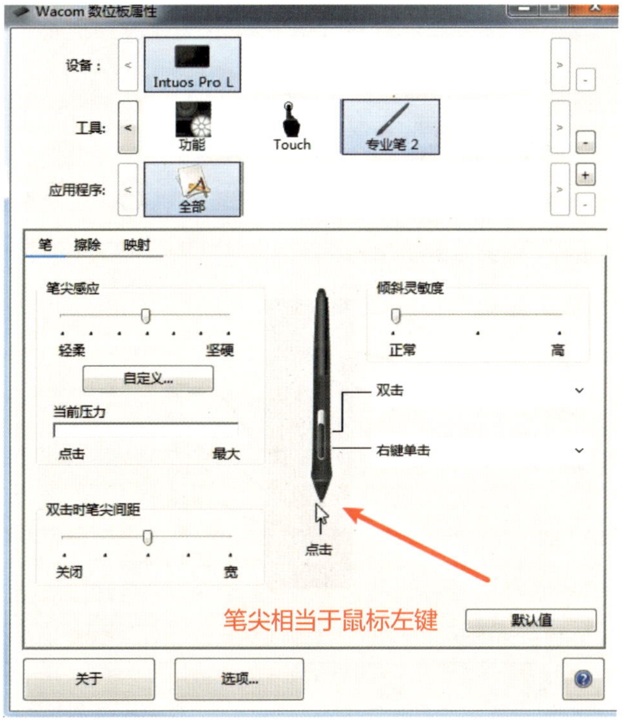

图1.3.5　笔尖属性

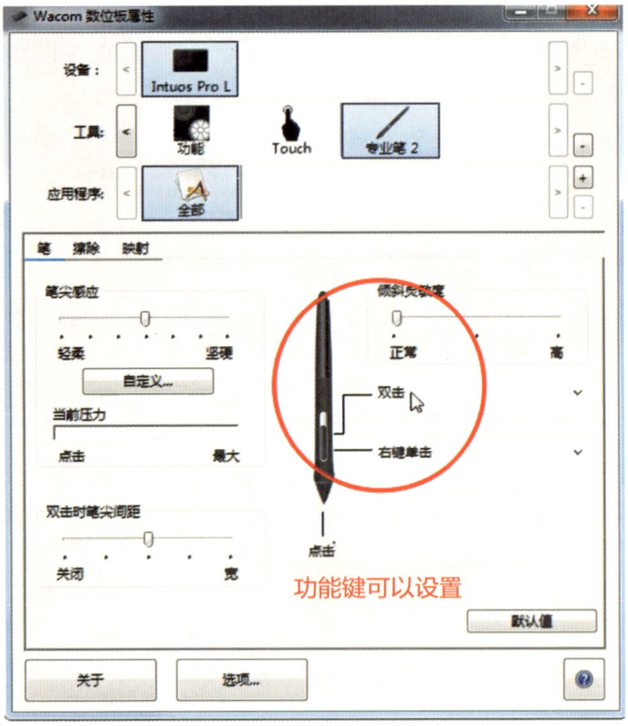

图1.3.6 侧面按钮属性

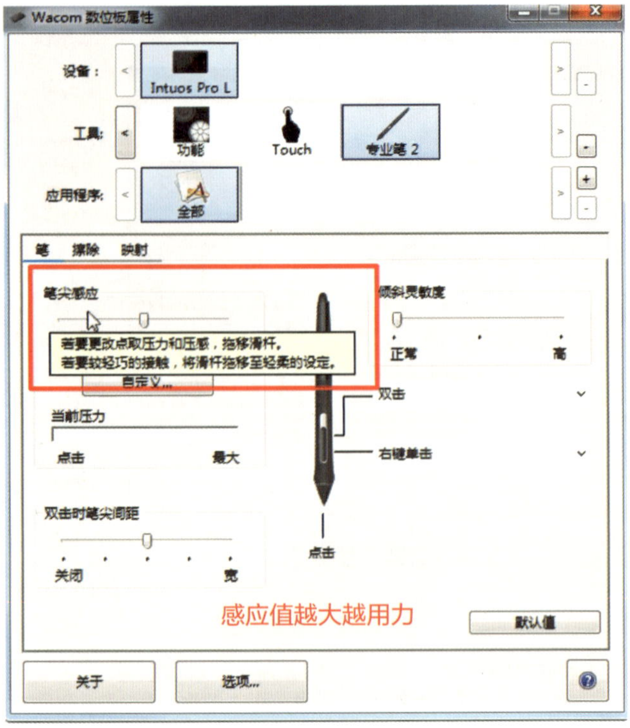

图1.3.7 笔尖感应

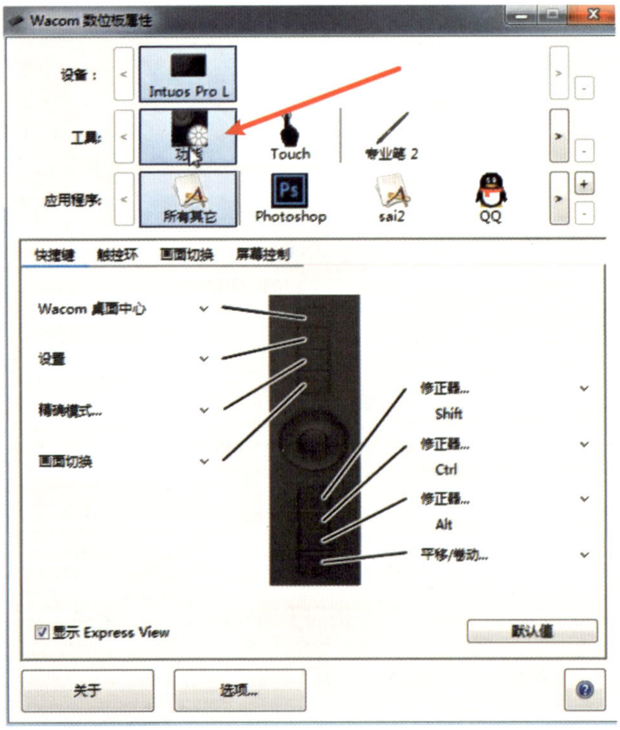

图1.3.8 功能属性设置

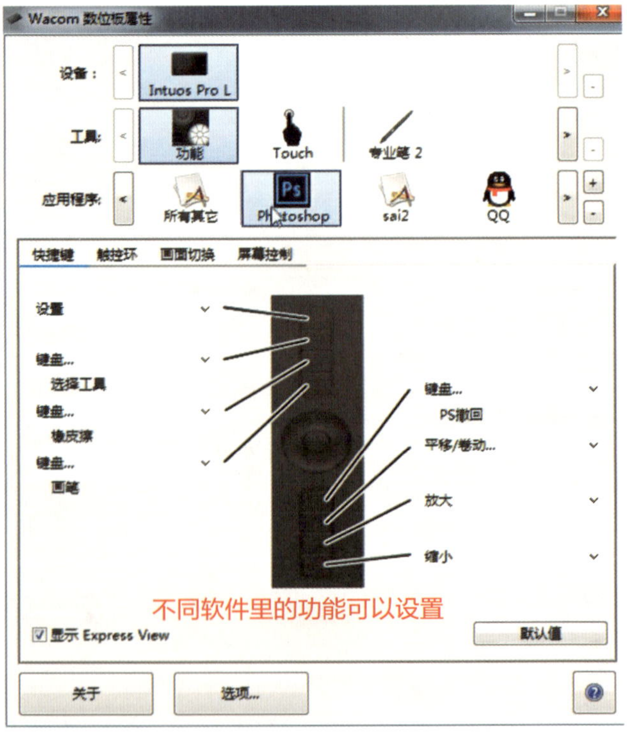

图1.3.9 不同软件的功能设置

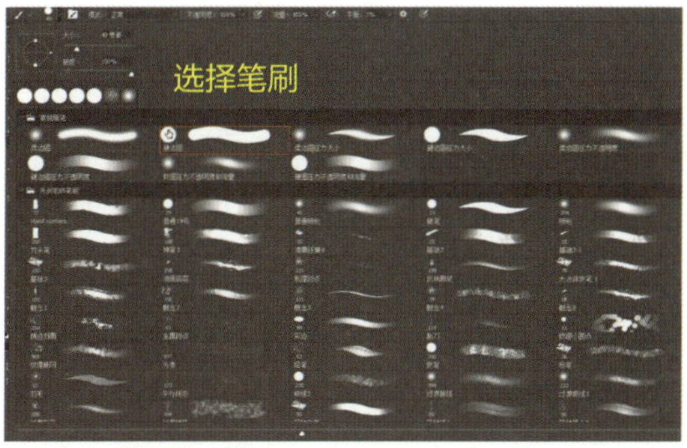

图1.3.10　选择Ps笔刷（可以在网上下载各类笔刷，也可以自制）

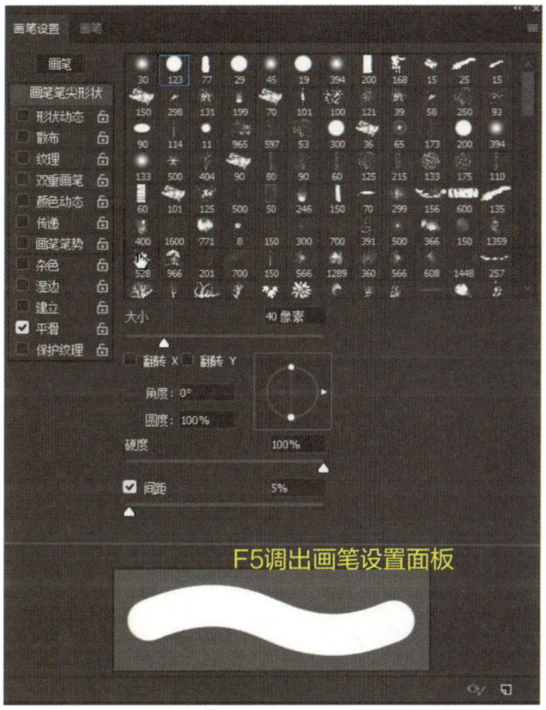

图1.3.11　Ps画笔设置面板

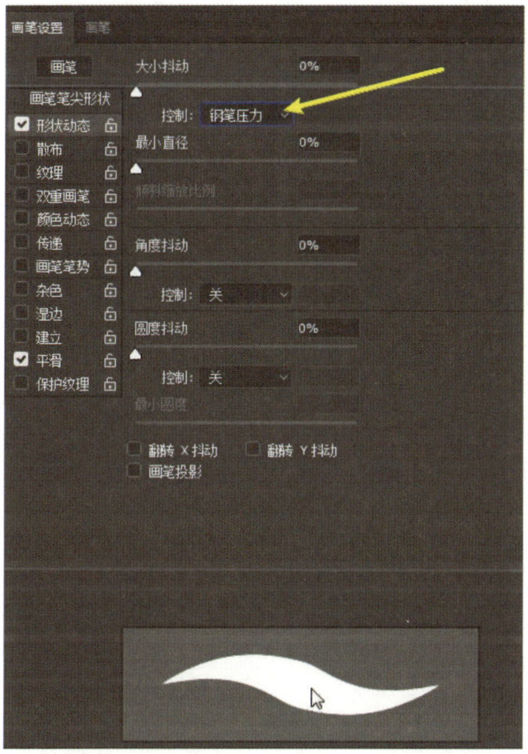

图1.3.12　钢笔压力

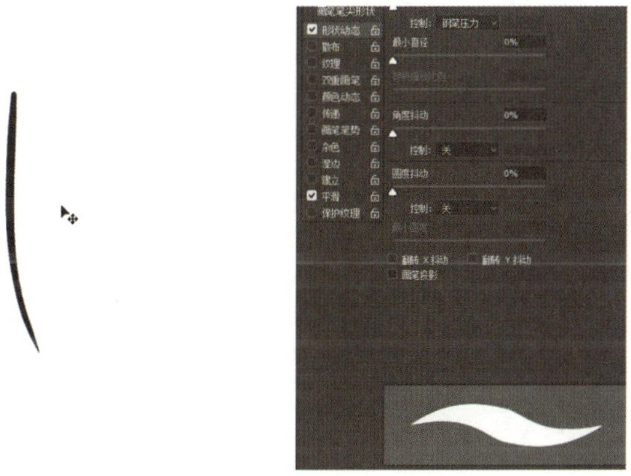

图1.3.13　形状动态

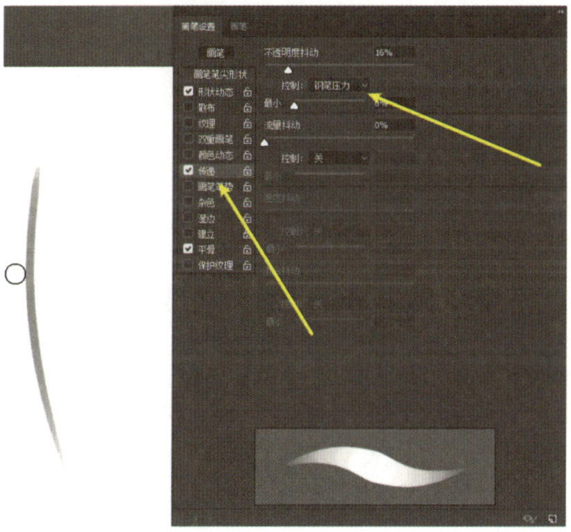

图1.3.14　传递（有浓淡变化）

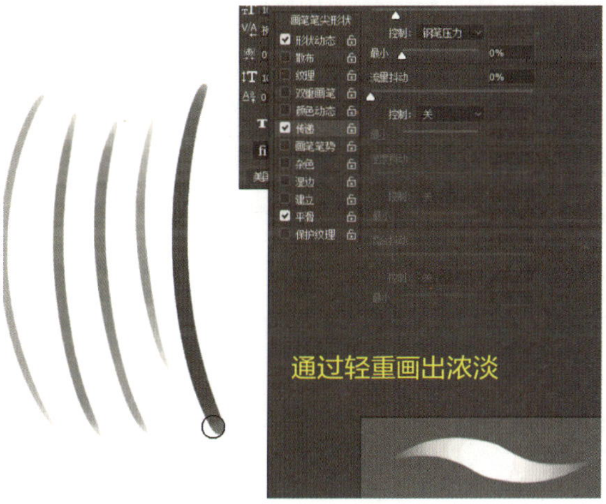

图1.3.15　结合数位板属性反复调试

1.3.2 数位板常用操作与菜单

（1）画笔点击：用于点选工具、图形、小窗工具等。例如，魔棒点选颜色相近的区域，可通过容差调整选择精细度；多边形套索可以手控的选择区域。

（2）画笔框选：点击不放拖动，拖出框。用于选择、绘制等；框选图片，主要有矩形和圆形，常作为大面积选择使用。

（3）拖拽：点击不放拖动。用于移动点选目标；绘图软件经常会用到标尺和辅助线来帮助绘制，Ai打开标尺可以直接拖拽左上角拉出辅助线。

（4）右键：选择部分右键弹出对话框。用于便捷控制调整。

（5）快捷键：敲键盘某键，快速使用菜单命令。一只手拿画笔，另一只手操作快捷键，提高工作效率。

（6）控制键：控制时，同时按住某键，辅助控制操作。例如，Shift+选择=加选。Ai形状的作用不亚于钢笔，通过控制键可以拉出想要的形状。

（7）常置：放在图标上不动，过几秒出现该图标名称；便于了解该工具图标的作用。

①快速蒙版：激活图标，用画笔涂画面，涂的区域为不选区域。

②通道：选区是通道的重要功能，在通道中可以对选区做各种效果的处理。

③蒙版：蒙版结合图层使用，挂在一个图层旁边，结合其他选择工具使用。

（8）调整菜单：图像—调整，几乎囊括了Ps所有有关图像色彩的工具，根据色彩的属性分为：色相类（色相、色彩平衡、反向、黑白、替换颜色、匹配颜色、色调均化、去色、HER色调、通道混合器、可选颜色、照片滤镜、色彩平衡等）；明度类（色阶、曲线、亮度对比度、曝光度等）；饱和度类（色彩平衡、色相饱和度等），以及一些综合工具，其中色阶、曲线、替换颜色是服装设计中常用的工具，非常有用。

（9）图层菜单：一个图层相当于一张纸，多个图层就是多张纸，在一个图层上工作不会影响其他图层，图层可设置透明度，利于观察。打开图层小窗，在图层中绘制和处理图片，最下一层为白背景，一般不在上面工作；暂时不需要的图层可以关掉“眼睛”图标，可以把有“眼睛”图标的图层用“拼合可见图层”进行合并，该命令非常有用，可以把阶段性工作暂时合在一起，不会影响其他没有开始做的工作。图层可以调节透明度，在上下层调整位置时很实用，可以较为准确地移动位置。单个图层中，图形可以进行图层样式调整，加入阴影等效果，常用来处理文字。

【实训练习】

实训练习一：花朵绘制练习（图1.3.16～图1.3.18）

画笔可调节粗细，有实心和虚边之分，实心线边缘清晰，虚边线边缘模糊，可以选择各种类型的画笔，也可自创画笔，结合数位板参数设置。在Ps中使用数位板与现实绘画相似，有各种画笔和调色盘对应Ps的画笔工具与色板。混合器模仿了绘画中的颜色混合，接近Painter软件的画笔，先置2色，然后用混合器画笔在中间混合。作业格式为jpg，A4大小。

实训练习二：鞋子线稿写生（图1.3.19、图1.3.20）

使用Ps软件笔刷，根据图片完成写字的线稿写生，要求具有线条的变化，轮廓线适当加粗，线条流畅。作业格式为jpg，A4大小。

根据图片，使用数位板绘制线稿，可以把图片放在某一图层下，在该图层上描画。

完成线稿，注意轮廓线加粗，结构线细。

颜色是设计的重要一环，好的色彩设计，能够使设计别具风格，可以根据流行趋势选择色彩搭配（图1.3.21）。

光线的明暗使表现更具立体感，能够更好地表现材质，光泽材质的表现可以找实物图片作为参考，注意物体的转折和体积关系，学会取舍，有主有次，表现力强的高光重点表现，不必要的高光就去掉

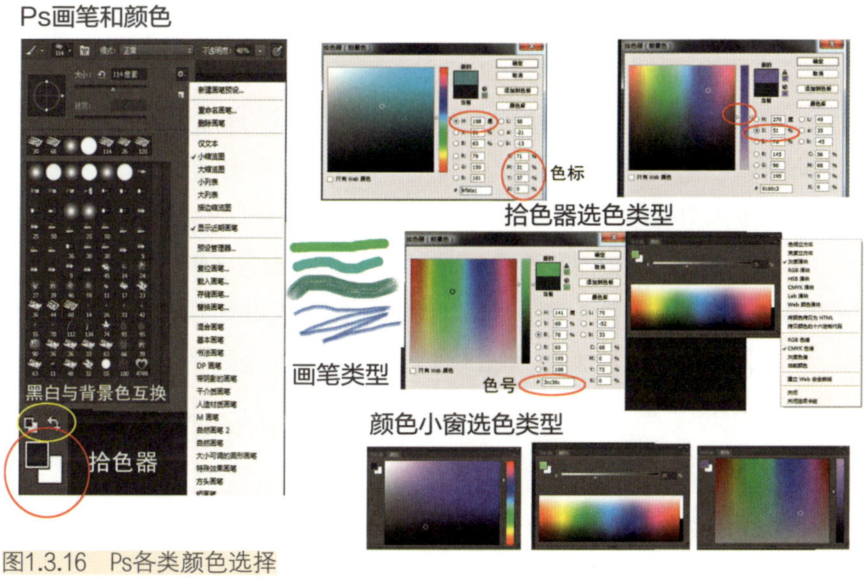

图1.3.16　Ps各类颜色选择

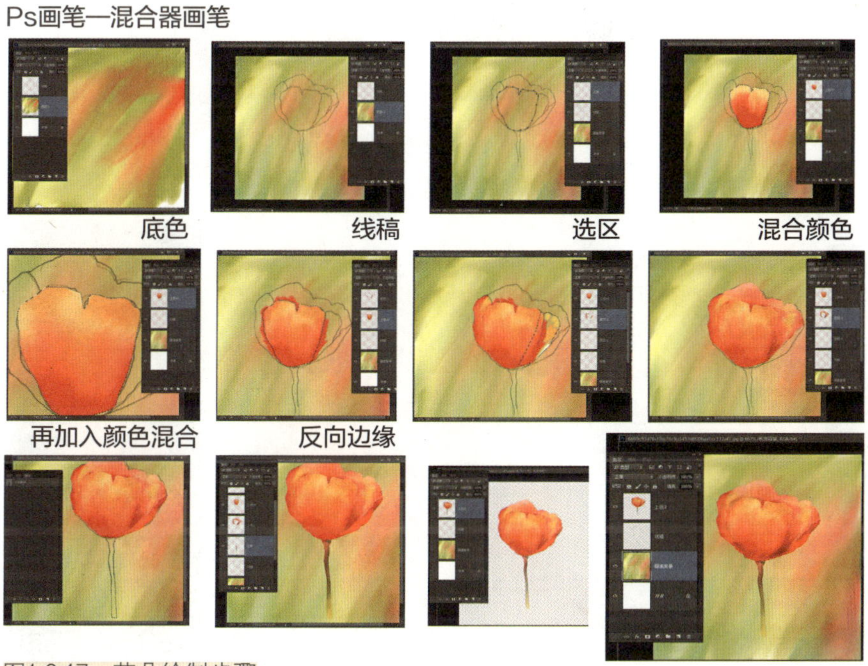

图1.3.17　花朵绘制步骤

图1.3.19　鞋子实拍图

图1.3.20　鞋子线稿

图1.3.18　使用Ps画笔绘制的花朵

图1.3.21　根据流行趋势选择色彩搭配

（图1.3.22、图1.3.23）。

主要步骤：

（1）图片准备：画布—置入—大小—栅格化—复制图层；钢笔绘制线稿，创建剪切蒙版，在范围内填色和绘制（图1.3.24）。

（2）色调均化：填充颜色，常使用模糊、涂抹、中间值（图1.3.25）；正片叠底，线稿与颜色彼此不会遮挡（图1.3.26）；调整不透明度，观察被遮住的图层（图1.3.27）。

（3）刻画：蒙版—画笔—（注意图层）—边缘—转折—细节—高光；以画笔绘制高光（图1.3.28）。

（4）调整：羽化+曲线—色阶—对比度—高光部分羽化（图1.3.29）—高光部分高斯模糊（图1.3.30）。

（5）整体调整：整体观察光线分布—填入纹理素材（图1.3.31）—使用合适的图层混合模式（图1.3.32）。

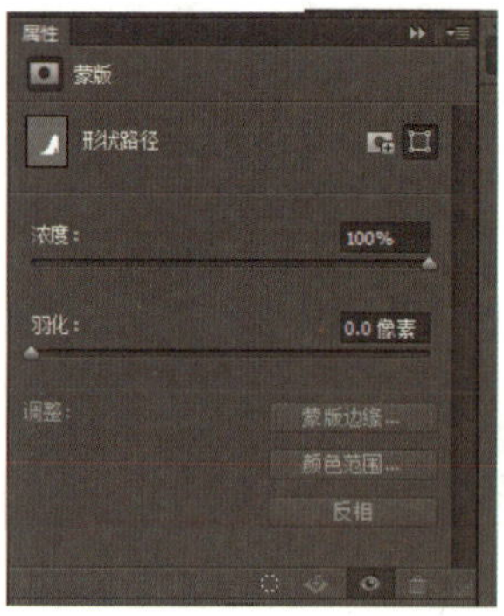

图1.3.22　建立蒙版

图1.3.23　根据参考图片进行布光

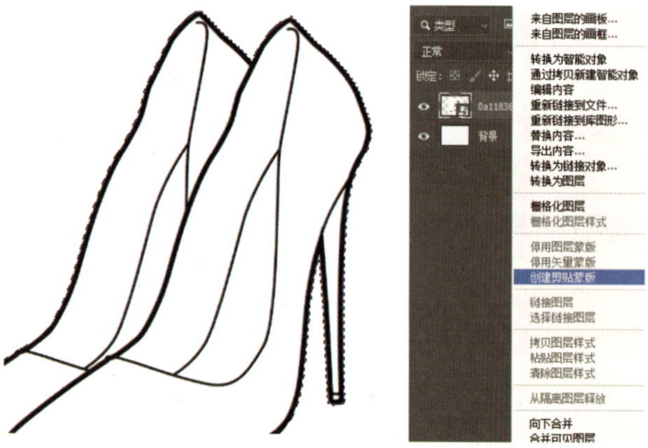

图1.3.24　创建剪切蒙版，在范围内填色和绘制

图1.3.25　填充颜色

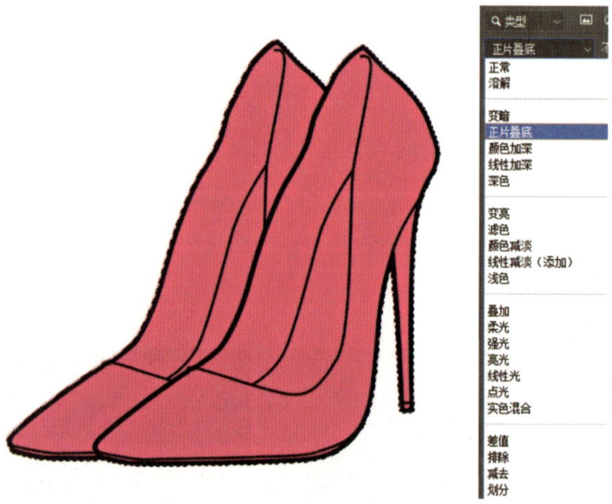

图1.3.26　正片叠底，线稿与颜色彼此不会遮挡

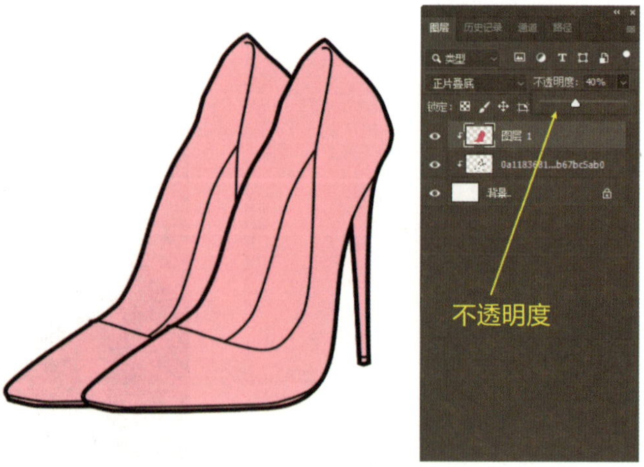

图1.3.27　调整不透明度，观察被遮住的图层

图1.3.28　画笔绘制高光

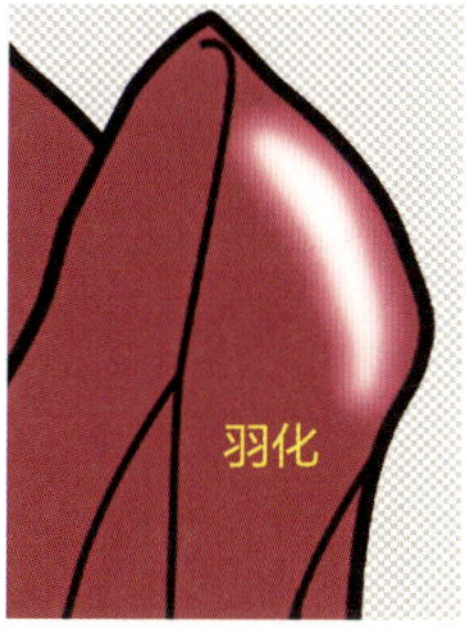

图1.3.29　高光部分羽化

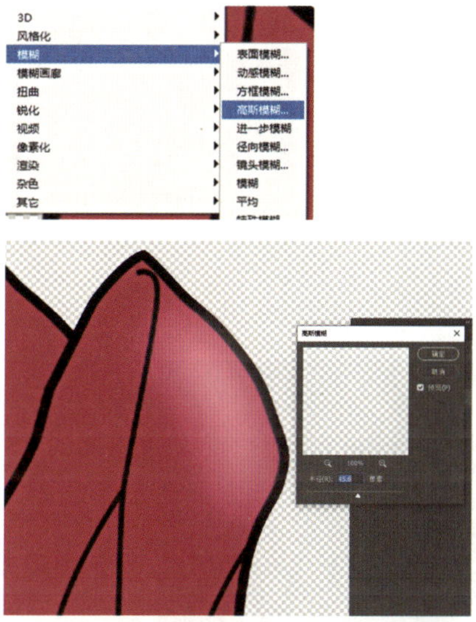

图1.3.30　高光部分高斯模糊

图1.3.31　填入纹理素材

图1.3.32　使用合适的图层混合模式

1.4　综合实训二　Ps形状工具

实训内容：使用Ps软件绘制形状的方法。
实训目的：掌握形状表现方法。
实训要点：使用蒙版绘制光影。重点是形状工具、添加蒙版、属性、羽化。
实训步骤：钢笔绘制形状—新建图层—创建剪切蒙版—绘制形状区域—属性—羽化。
注意事项：菜单栏中选择形状。

1.4.1 画笔描边

形状工具是Ps软件绘画的主要工具，通过锚点能够很好地把控和修改形状，是Ps软件里的矢量绘图功能（图1.4.1～图1.4.5）。

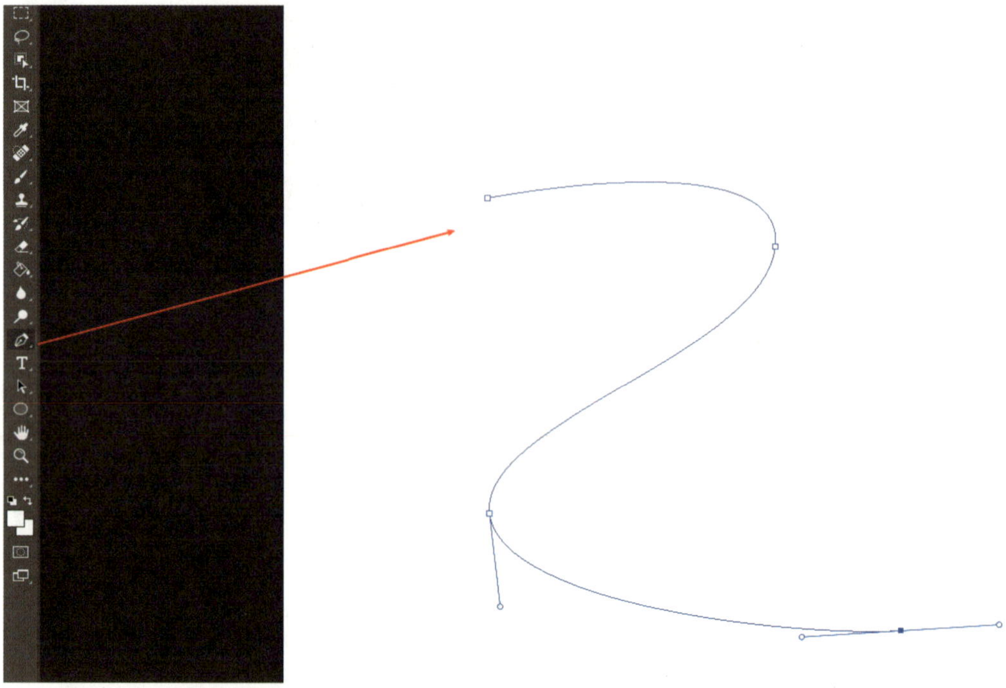

图1.4.1 使用钢笔绘制矢量线条

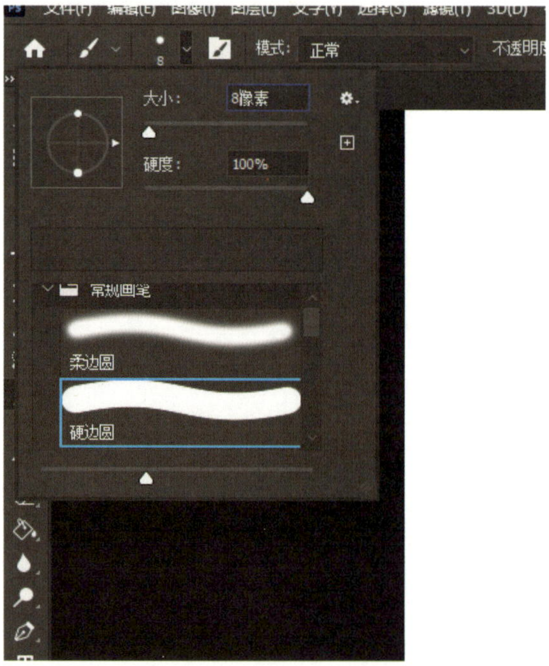

图1.4.2 可以对钢笔路径进行画笔描边

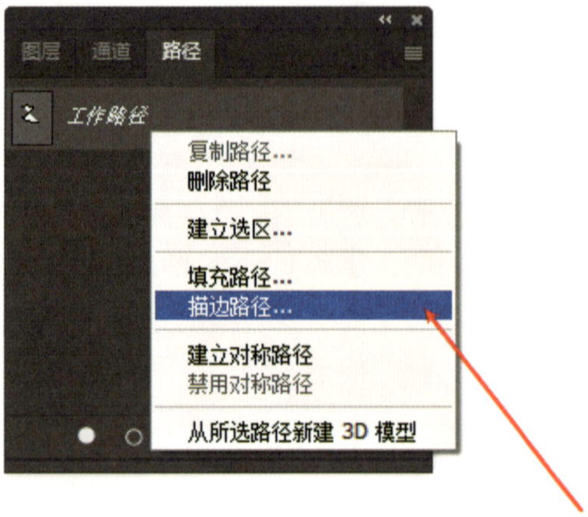

图1.4.3 描边路径

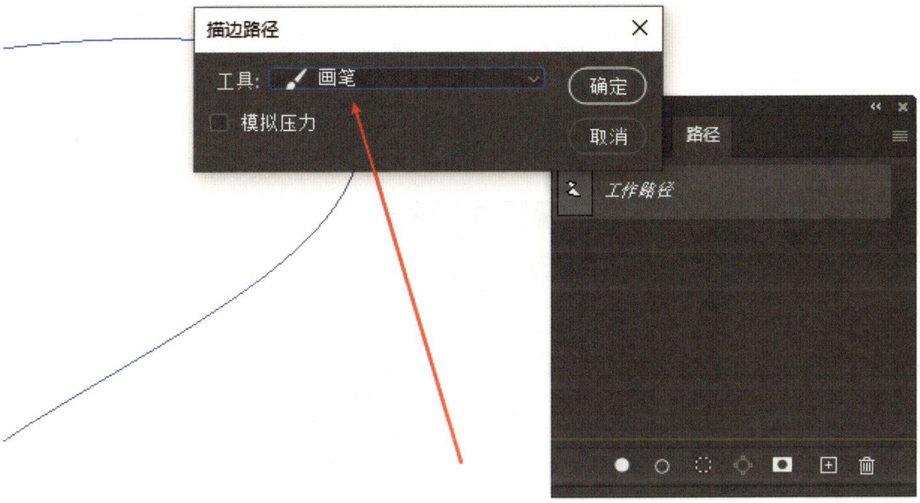

图1.4.4　选择画笔

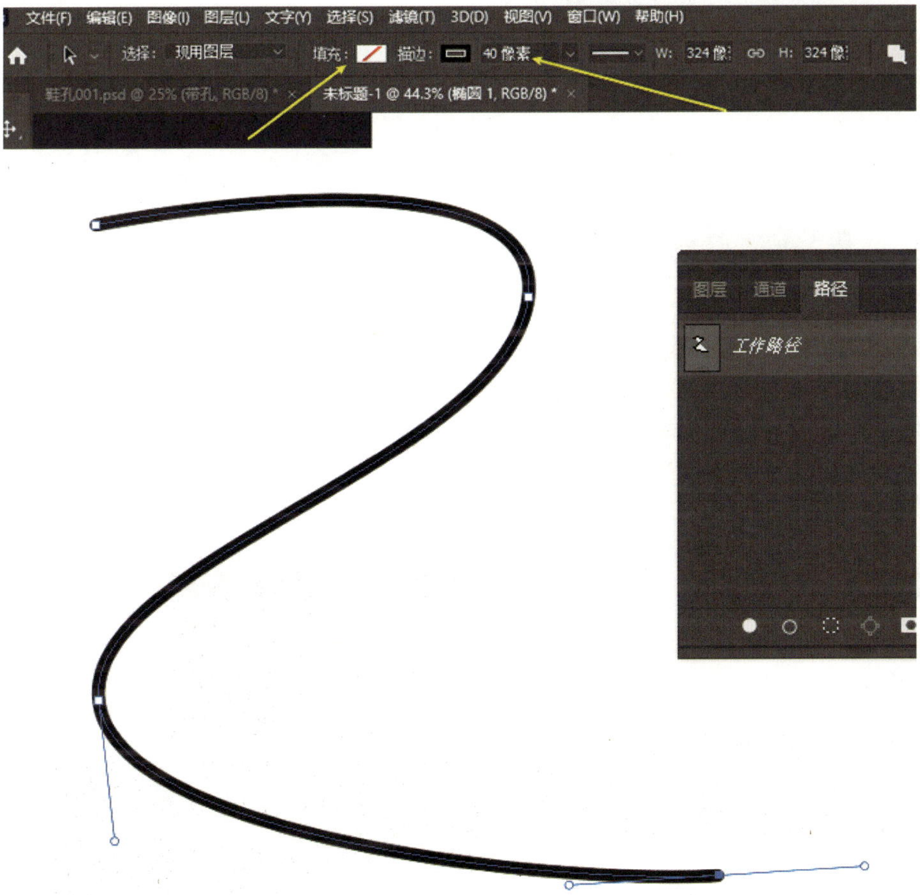

图1.4.5　线条调整与颜色选择

1.4.2　绘制形状与蒙版

钢笔绘制形状，使用选择工具（小黑、小白）选择形状，小黑选择形状可以移动，改变属性；小白选择形状，可以改变锚点。通过形状绘制和蒙版，可以进行多层的蒙版调整与绘制（图1.4.6～图1.4.15）。

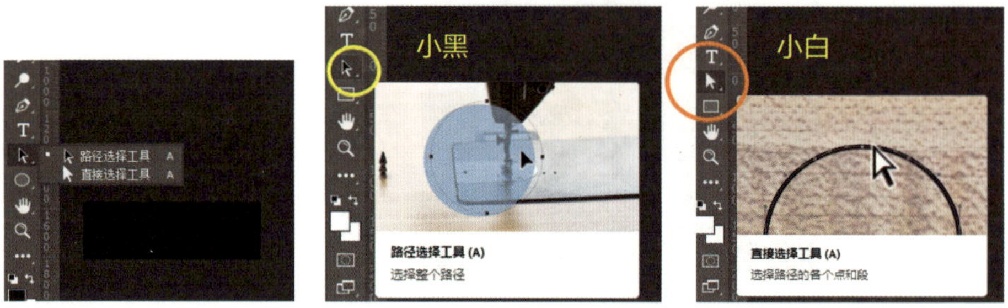

图1.4.6　路径选择（小黑）与直接选择（小白）

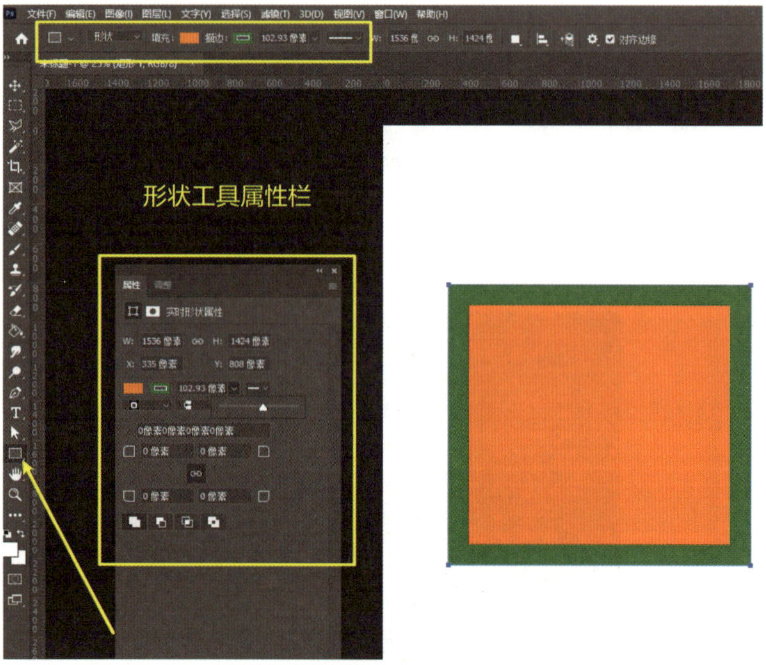

图1.4.7　形状工具属性栏，调整填色与线条

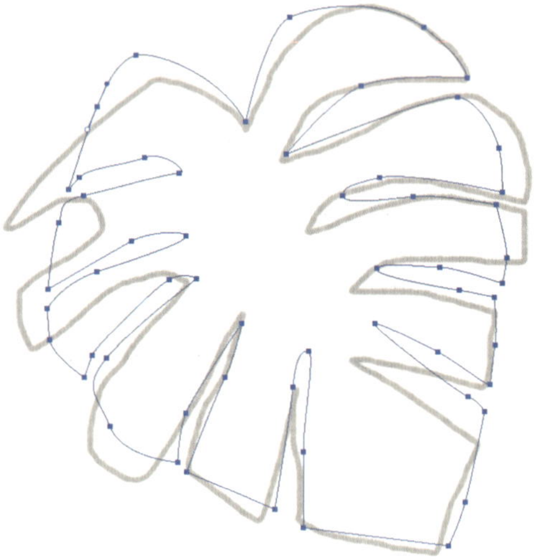

图1.4.8　根据草图，使用钢笔绘制形状

图1.4.9　填充颜色

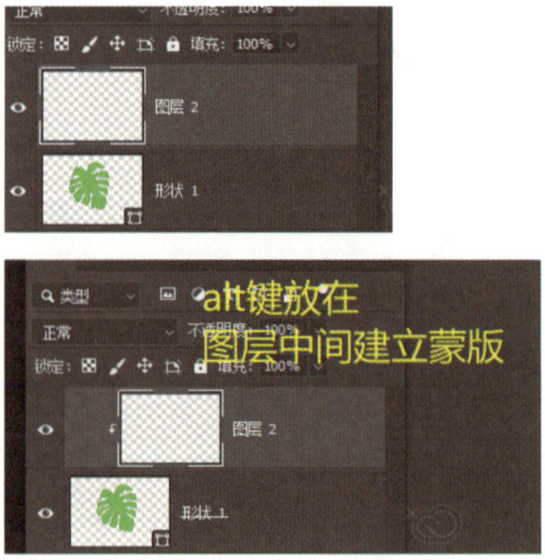

图1.4.10　新建图层，变为蒙版

图1.4.11　新图层中钢笔绘制范围（由于蒙版的作用，只在蒙版内显示颜色）

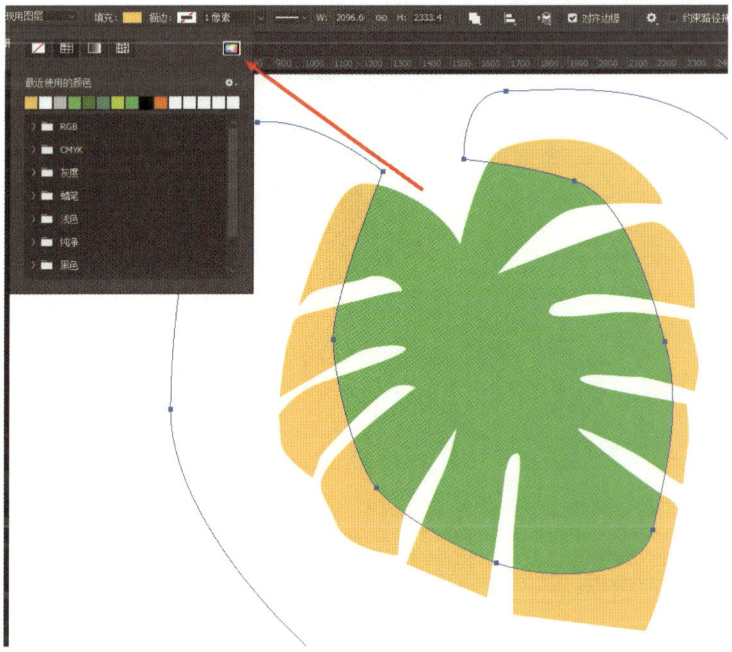

图1.4.12　给图层中的形状填色

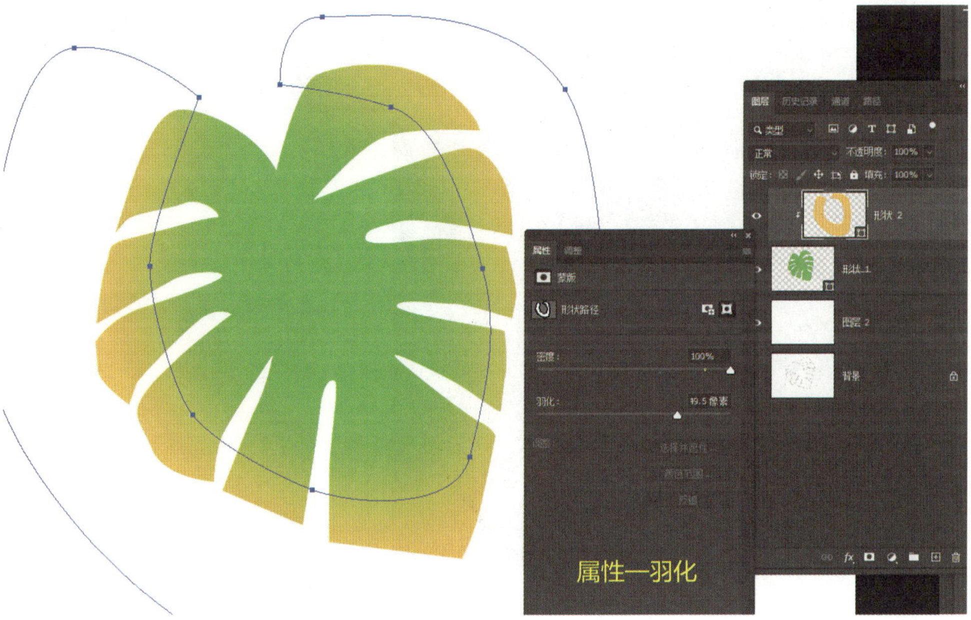

图1.4.13　选中形状，打开属性面板，调整羽化

图1.4.14　再建新图层，建立蒙版，用钢笔绘制新的形状

图1.4.15　再次调整中间部分的属性

【实训练习】

实训练习一：皮鞋带孔（图1.4.16~图1.4.23）

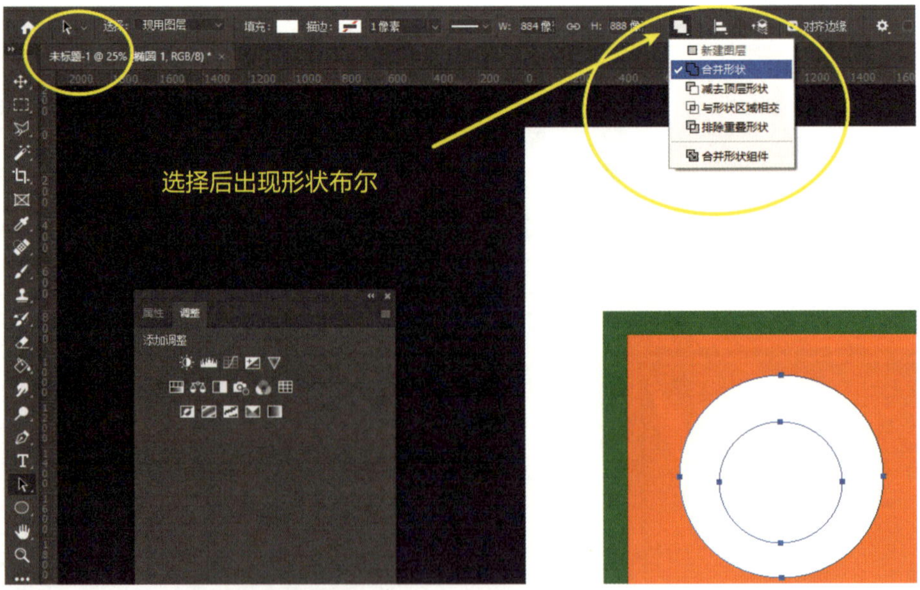

图1.4.16　绘制两个圆形，小黑同时框选后出现形状布尔

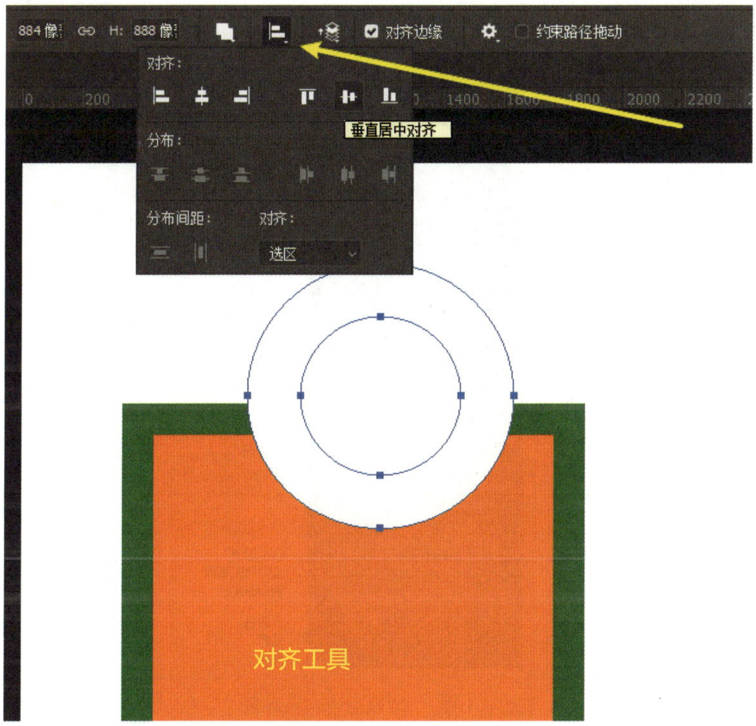

图1.4.17 使用对齐工具对齐中点

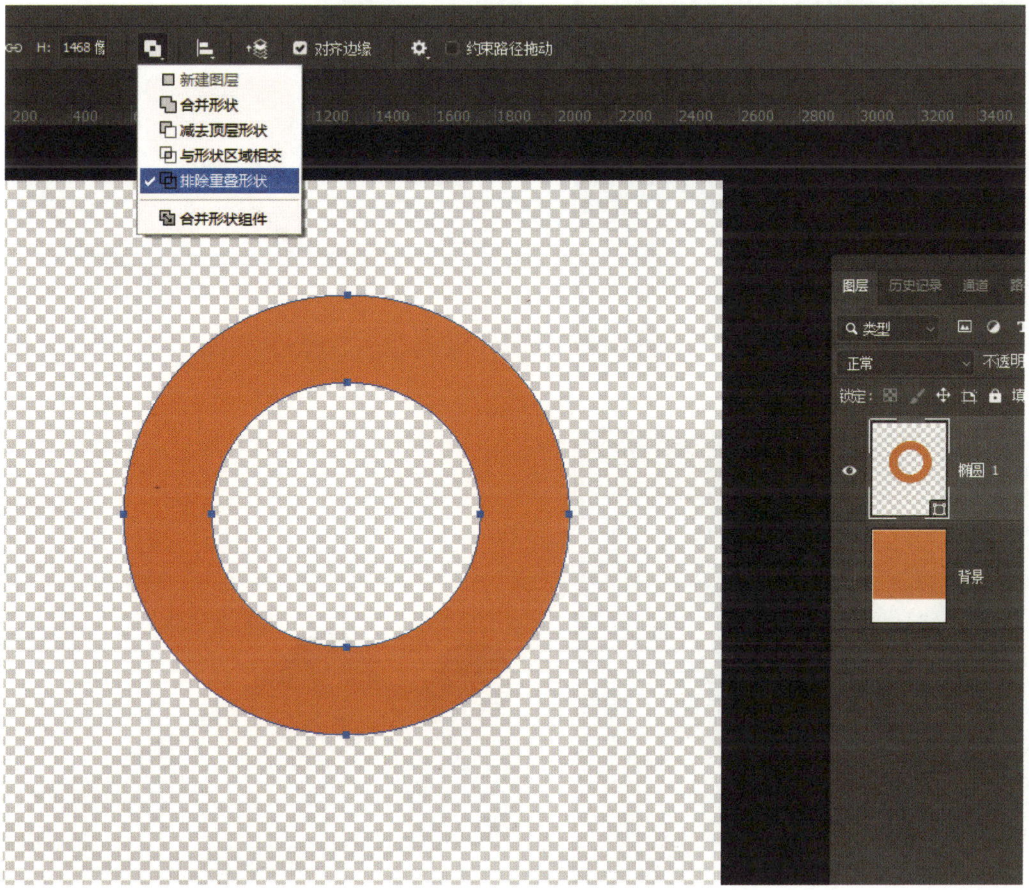

图1.4.18 布尔中选择排除重叠形状

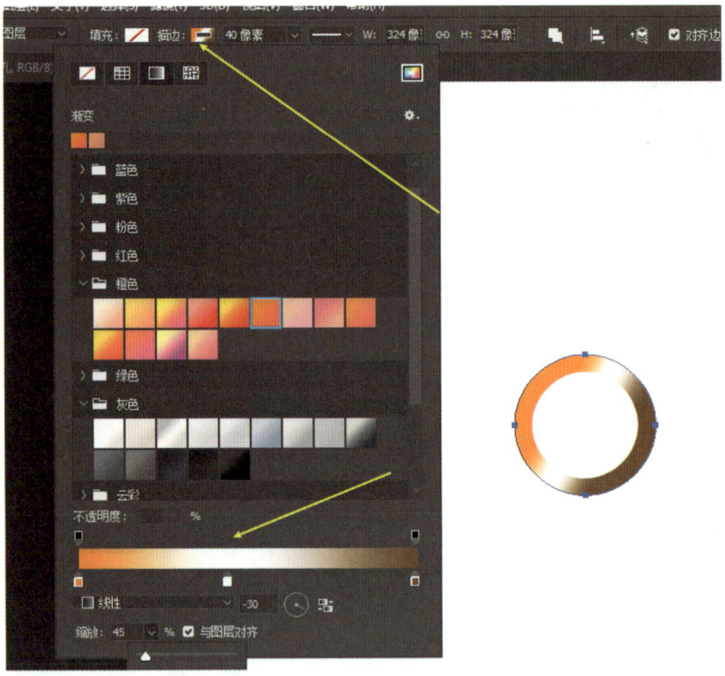

图1.4.19 使用描边中的渐变

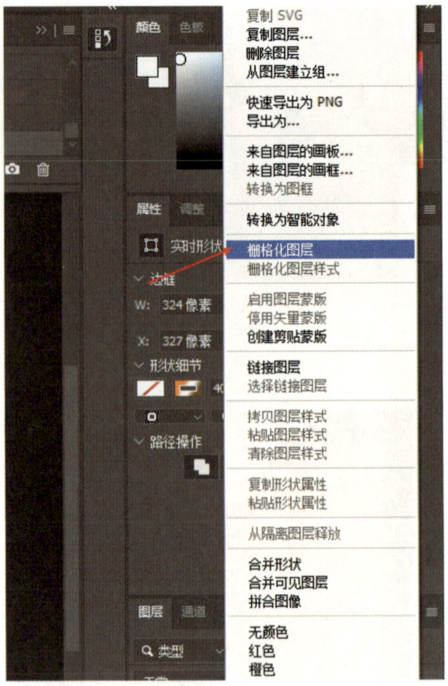

图1.4.21 栅格化形状图层

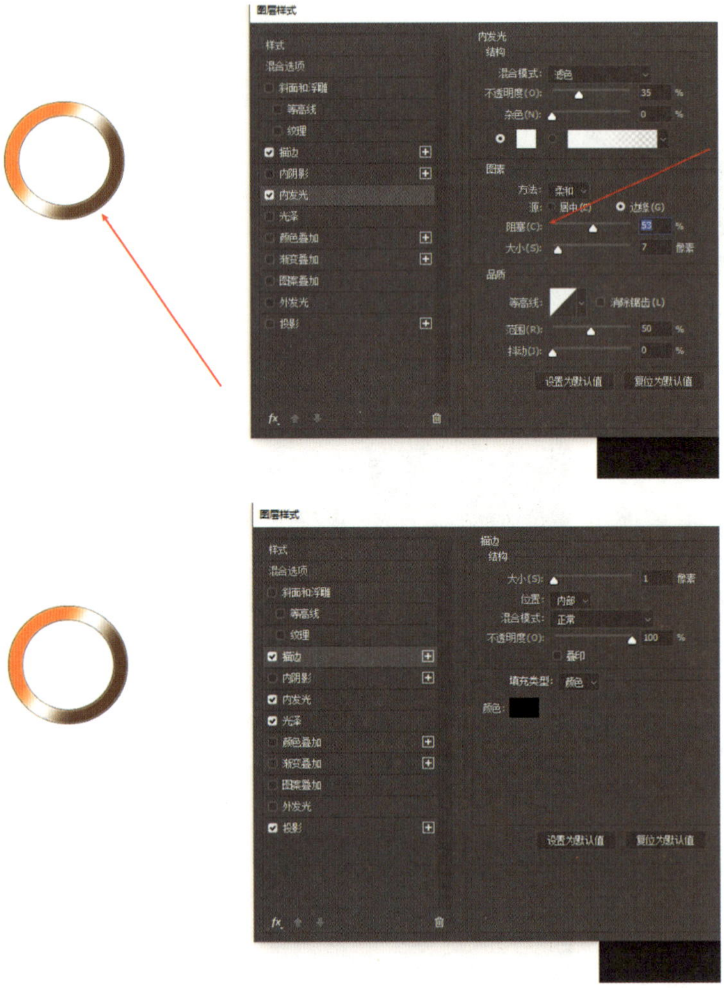

图1.4.20 调整图层样式

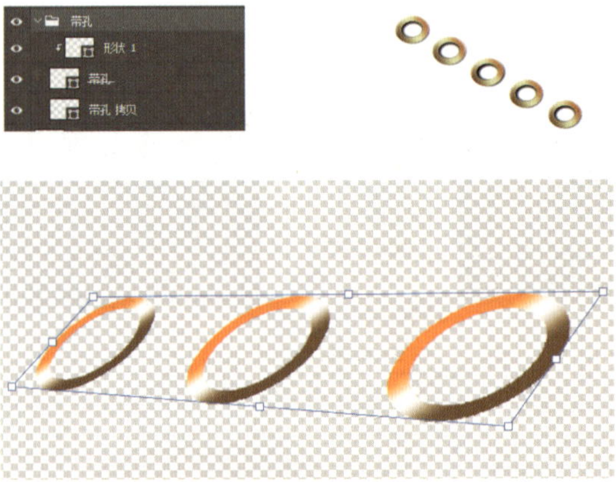

图1.4.22 复制并调整角度与透视

图1.4.23 放置在鞋子的合适位置

实训练习二：男式皮鞋写生（图1.4.24～图1.4.34）

图1.4.24　钢笔工具描绘轮廓（一）

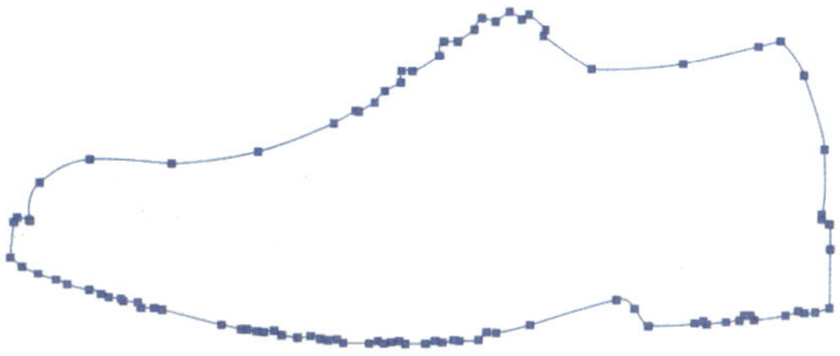

图1.4.25　钢笔工具描绘轮廓（二）

图1.4.26　分好几个主要区域的形状

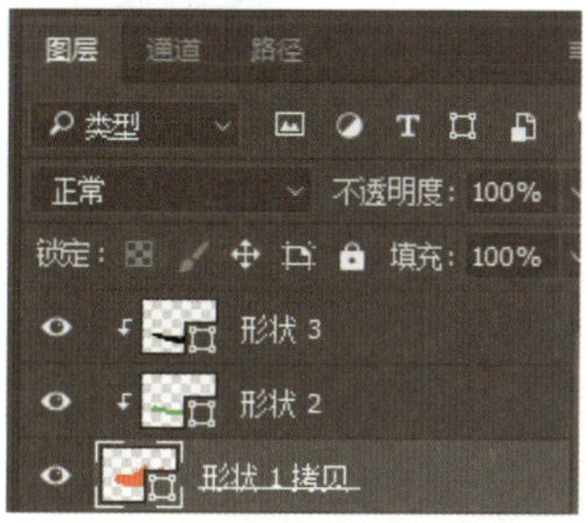

图1.4.27　根据区域建立剪切蒙版（一）

图1.4.28　根据区域建立剪切蒙版（二）

图1.4.29　绘制高光部分形状，注意取舍

图1.4.30　调整高光形状的属性羽化

图1.4.31　使用描边绘制结构线

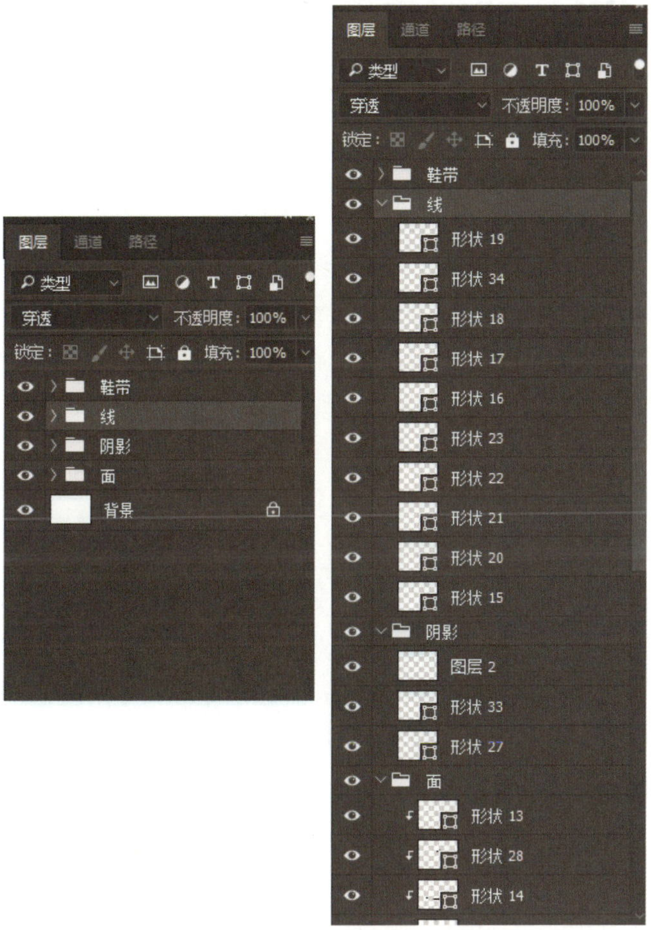

图1.4.33　为不同区域命名分组，便于查找和修改

图1.4.32　新建图层绘制细节缝线与投影

图1.4.34　完成后在Ps中调整色调

1.5　综合实训三　Ai软件操作基础

实训内容：Ai常用工具与操作流程。

实训目的：掌握Ai数位板使用，掌握Ai图形绘制方法。

实训要点：Ai界面、钢笔工具、画笔、形状工具、线与面、色板。重点是钢笔工具、画笔工具。

实训步骤：钢笔（画笔）工具调整—钢笔绘制—小白与小黑—锚点—线与面—色板。

注意事项：使用图层绘制。

1.5.1　Ai软件常用工具

Ai以形状绘制和色彩为主，辅以一些特殊效果。形状绘制方面使用钢笔和形状工具，形状可使用路径查找器进行组合和修剪，勾画好形状后进行填色和一些渐变及透明度处理。常用工具包括：选择和直接选择工具（黑箭头小黑和白箭头小白）、钢笔工具、形状工具、吸管工具、填色和描边等。以线、面、填色和图形效果使用最为频繁。

（1）钢笔画笔工具有：钢笔、画笔和铅笔。钢笔画线、钢笔+增加结点、钢笔-删除结点；画笔需要在窗口打开画笔对话框，打开其中的画笔库，选择笔头才可以使用（图1.5.1～图1.5.10）。

（2）常用工具：

①小黑：选中、移动、缩放、旋转。

②小白：调锚点位置、弧线拉杆。

③钢笔工具：直线、曲线、贝塞尔、弧线调整。

④钢笔锚点：小白调整、钢笔+、钢笔-。

⑤画笔工具：自由绘制、笔刷调整。

⑥形状工具：填色和描边、形状对齐、路经查找器。

⑦线条：粗细、颜色、线条端点和折角、虚线、线条属性栏。

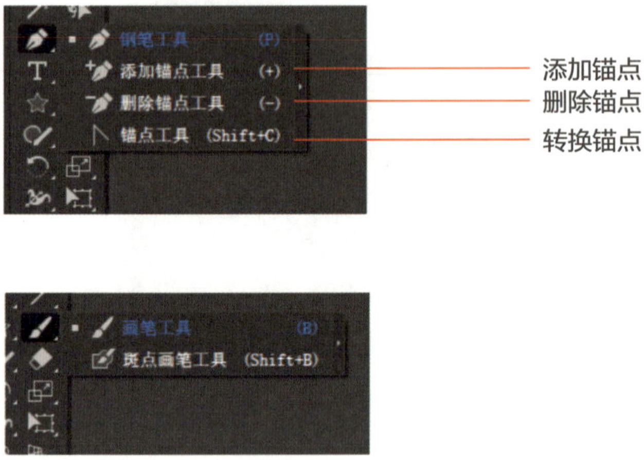

图1.5.1　钢笔与画笔工具

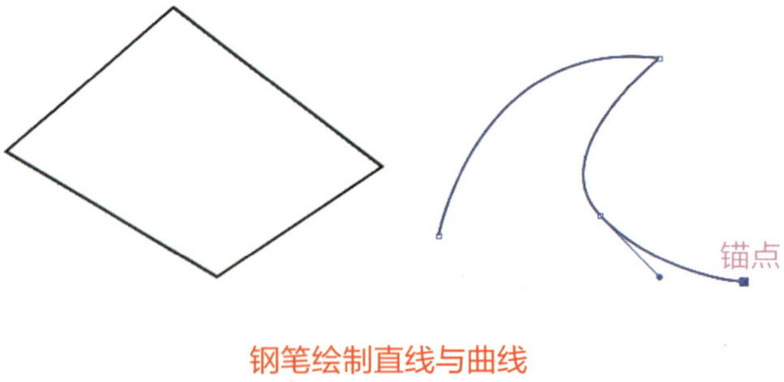

图1.5.2　钢笔绘制直线与曲线

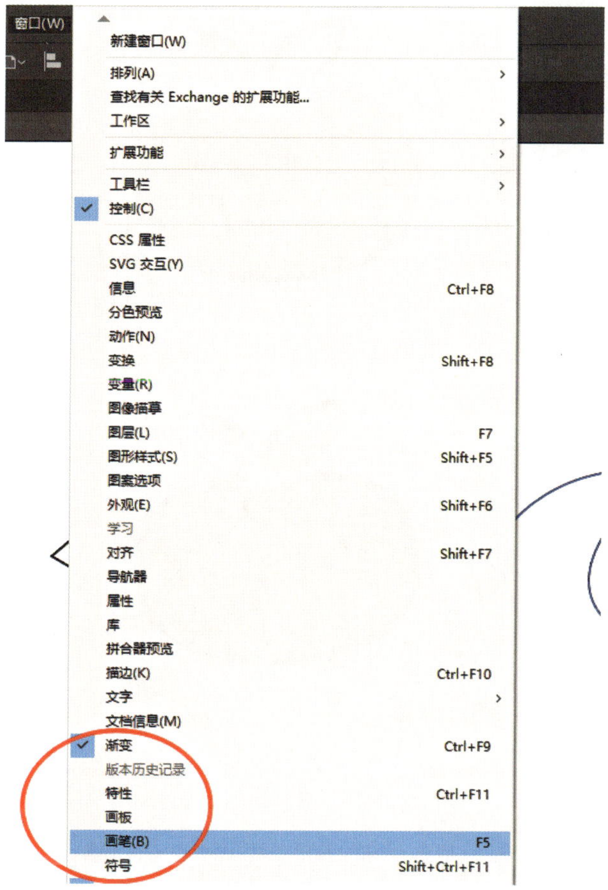

图1.5.3　窗口里打开画笔面板

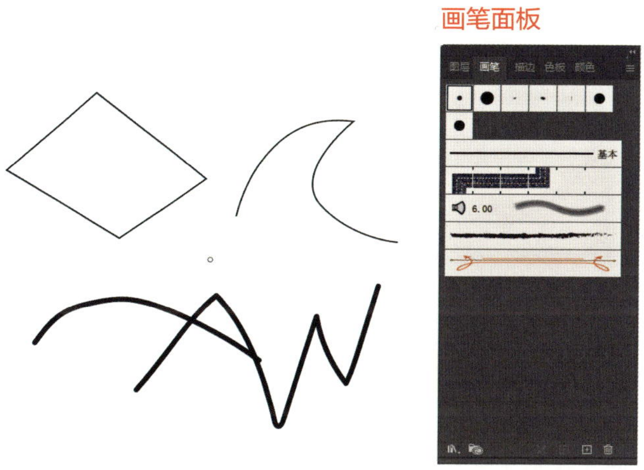

图1.5.4　钢笔与画笔工具线条

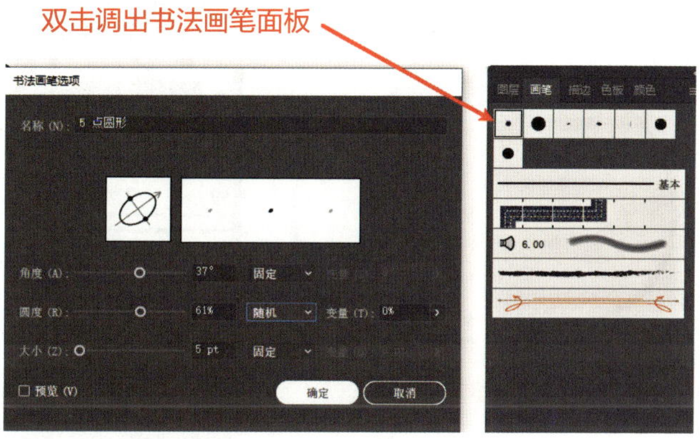

图1.5.5　画笔工具中书法画笔调整

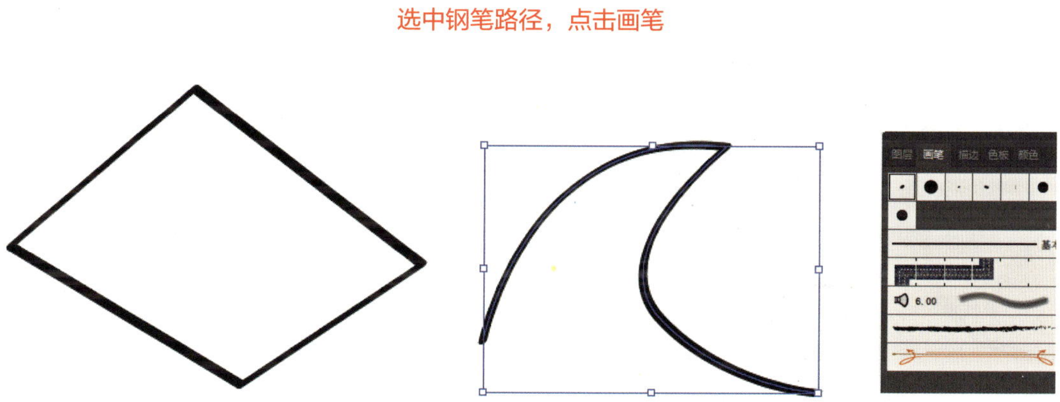

图1.5.6　改变路径画笔

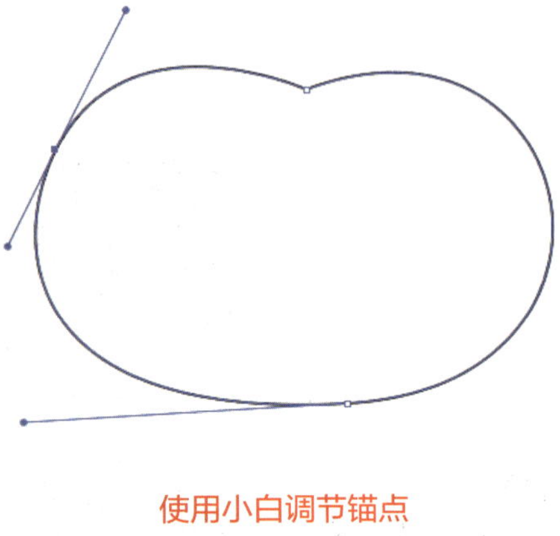

图1.5.7　小白调整锚点

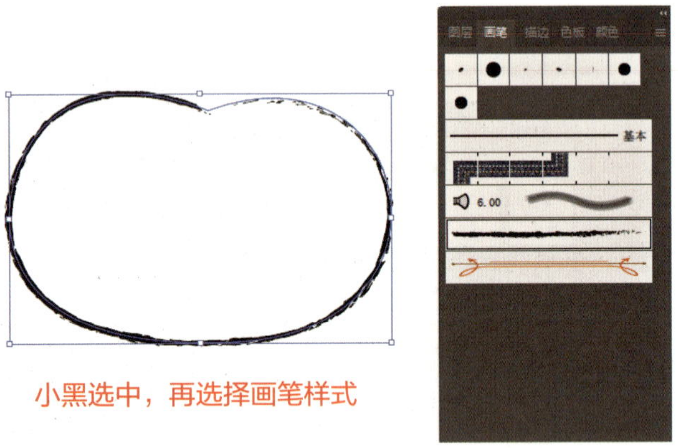

图1.5.8　小黑选中路径

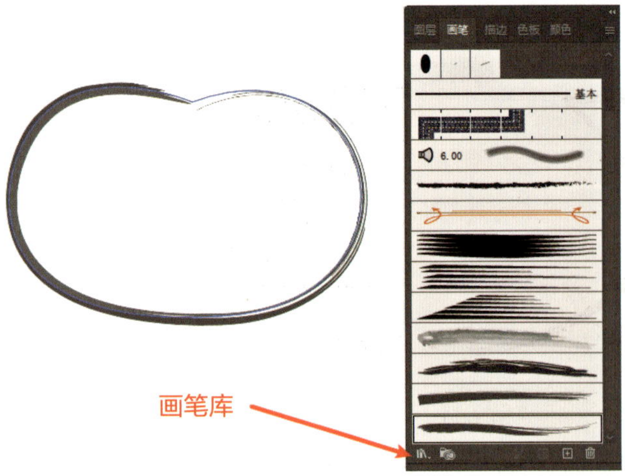

图1.5.9　使用画笔面板的画笔库

图1.5.10　填色与描边

各种基本形状，可以组合或减去，通过路径查找器面板组合成新的形状，吸管工具能够吸取对象所有属性，包括渐变、字体。

填色和描边是Ai极具特色的方便控制线与面的工具。填色可以使用渐变色（图1.5.11）。

形状工具中可以通过控键绘制不同的形状，如图1.5.12所示。

Ai首选项：编辑—首选项—常规，设置键盘增量，对键盘微调很实用；设置锚点显示状态，便于绘制时观察和操作；根据个人习惯调整用户界面和界面外观。

Ai使用旋转工具时，默认情况下，图形的中心点作为旋转中心点。按住Alt键在画板上单击设定旋转中心点，并弹出旋转工具对话框。在使用旋转、反射、比例、倾斜和改变形状等工具时，都可以按下Alt键点击来设置基点，并且在将对象转换到目标位置时，都可以按下Alt键进行复制对象。

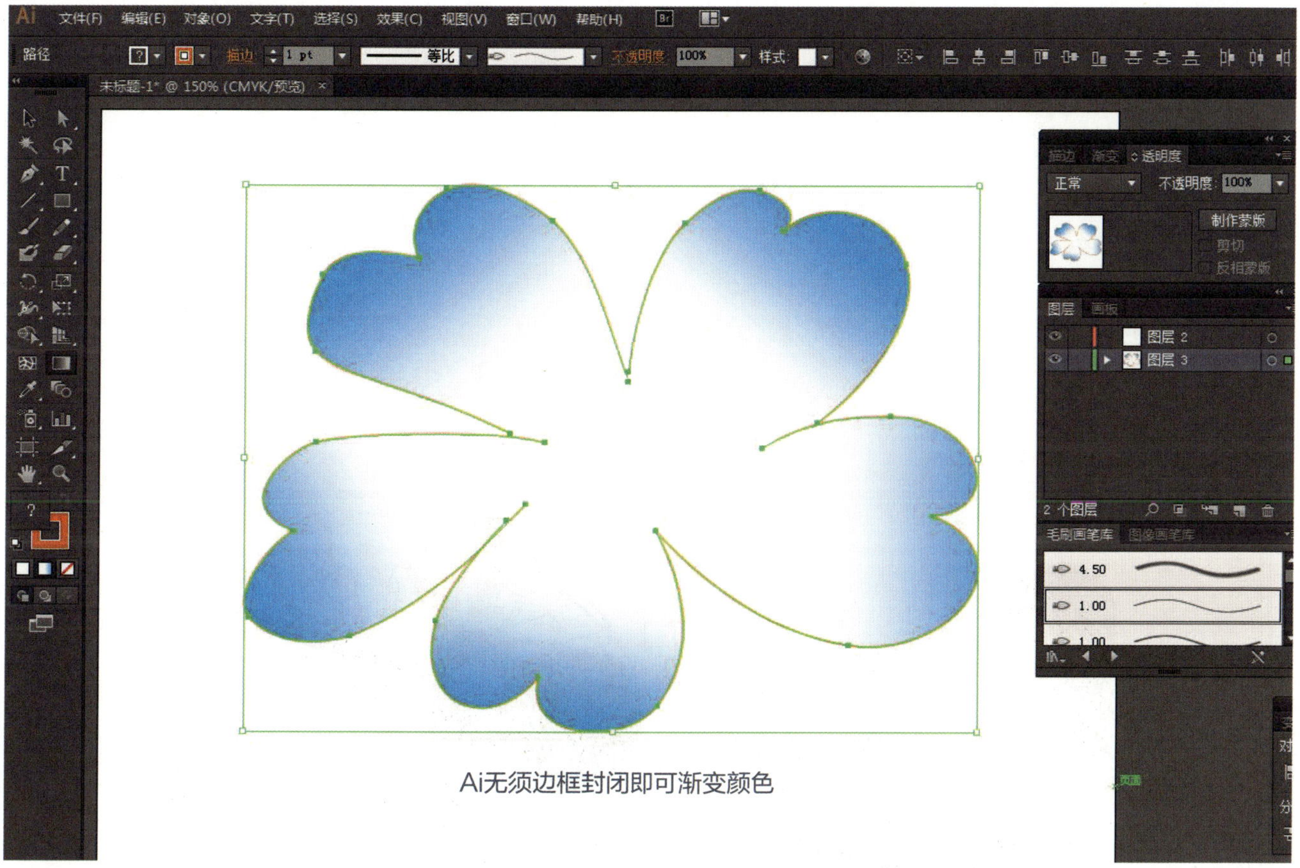

图1.5.11 Ai色彩渐变

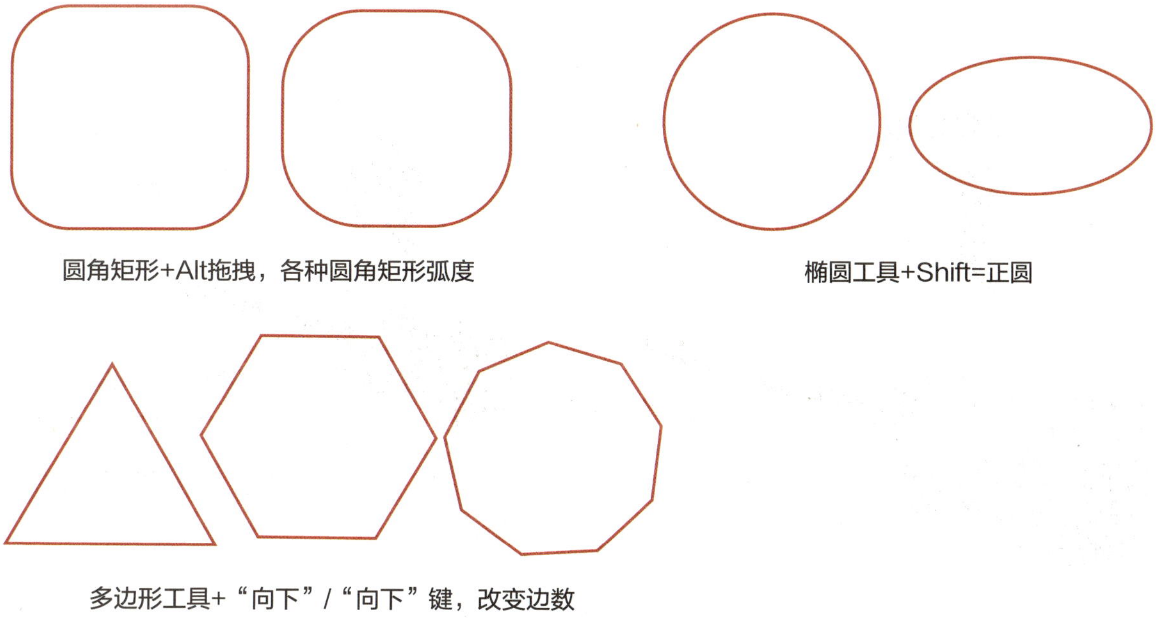

图1.5.12 Ai控制键拉出形状

1.5.2 Ai软件绘制步骤

绘制步骤：图层—草图—锁住图层—线条与面分开画，如图1.5.13、图1.5.14所示。

Ai可以通过添加画板来同时观察两幅画（图1.5.15）。

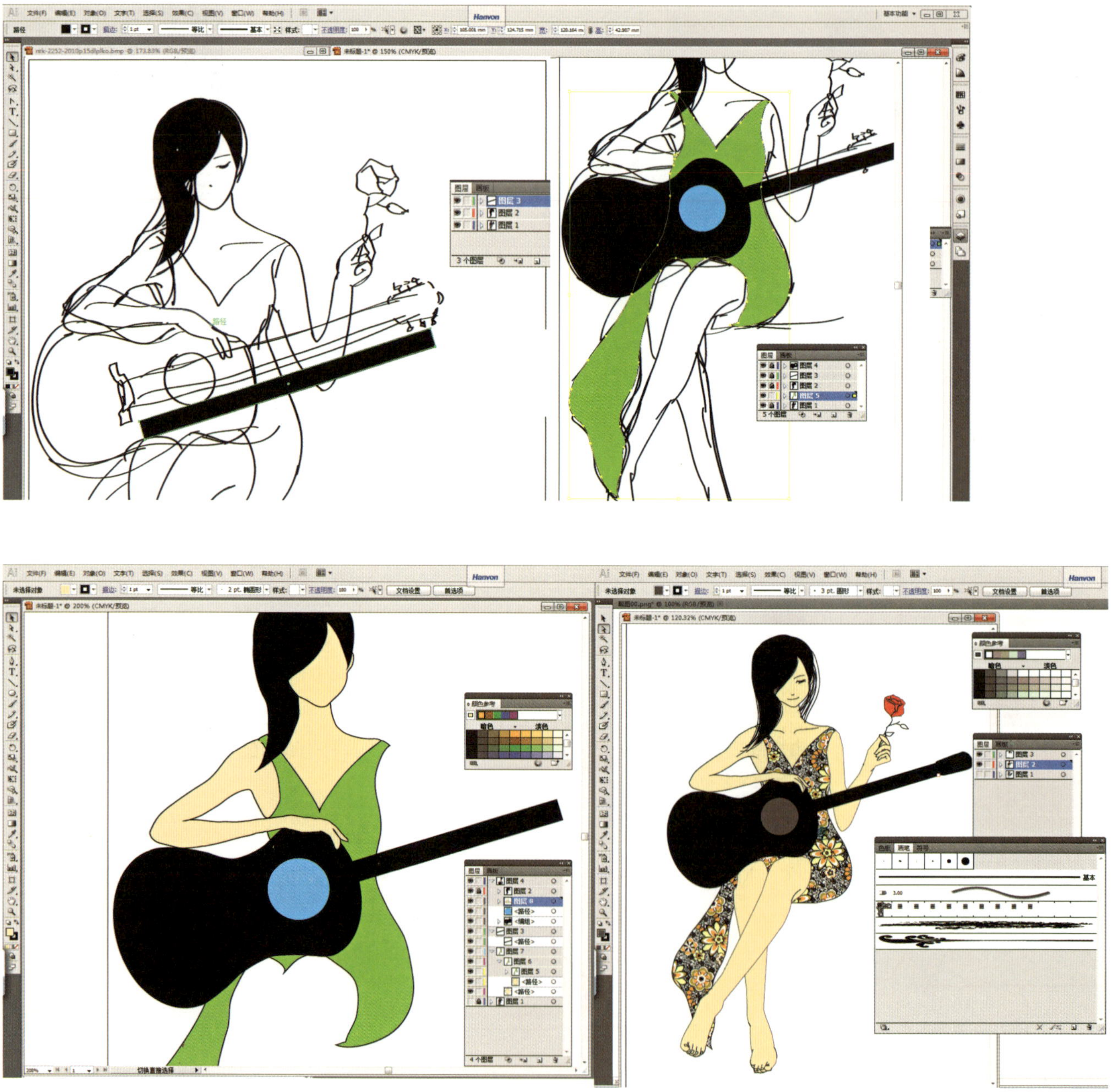

图1.5.13 Ai画笔绘制过程

图1.5.14 Ai绘制图形

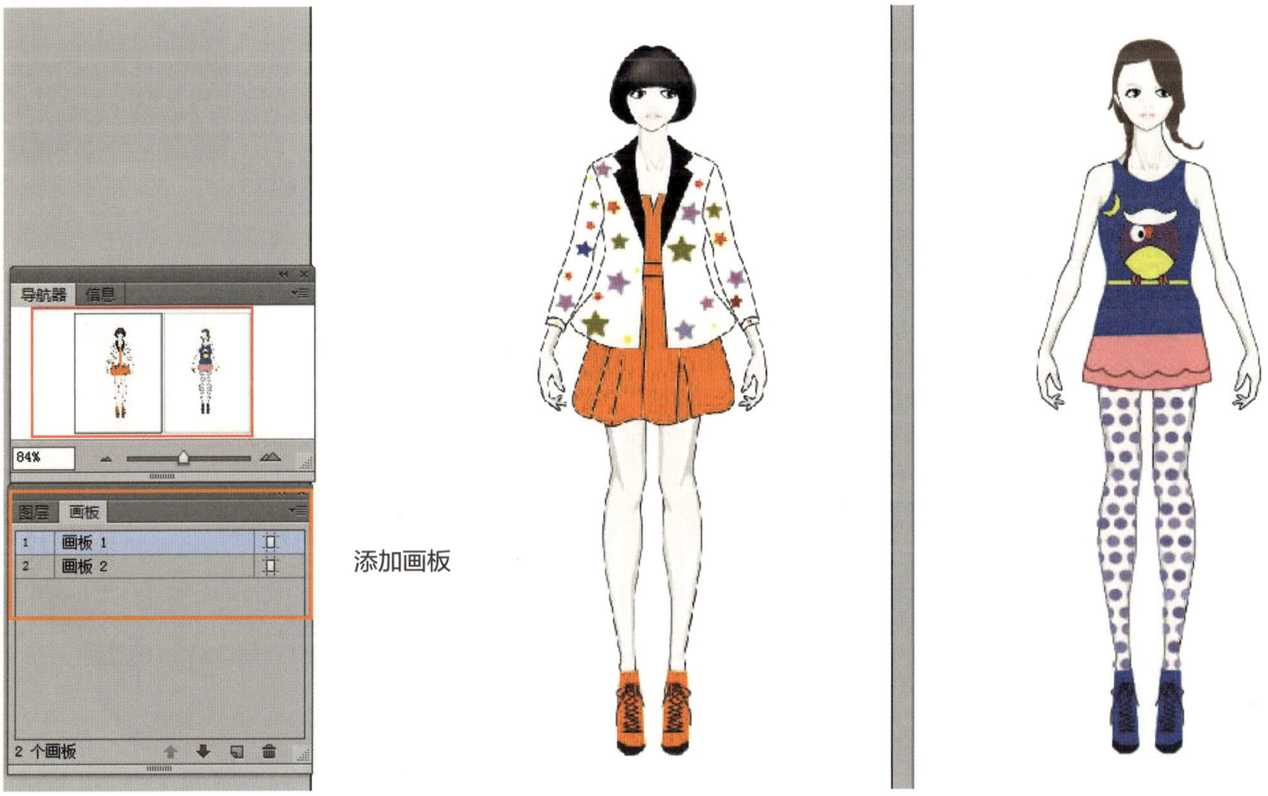

图1.5.15 Ai添加画板

【实训练习】

实训练习一：简易卡通——Ai实时上色

（1）画笔工具绘制，如图1.5.16所示为实时上色工具。

（2）封闭空隙。

（3）复制与全部选择，如图1.5.17所示，选择后填色。

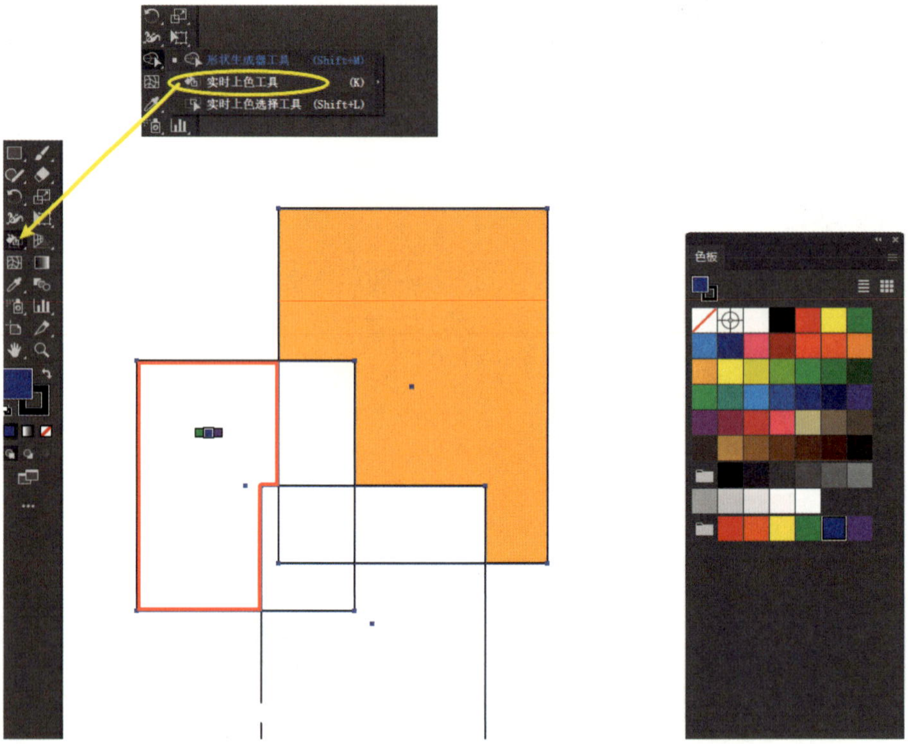

图1.5.16　实时上色工具

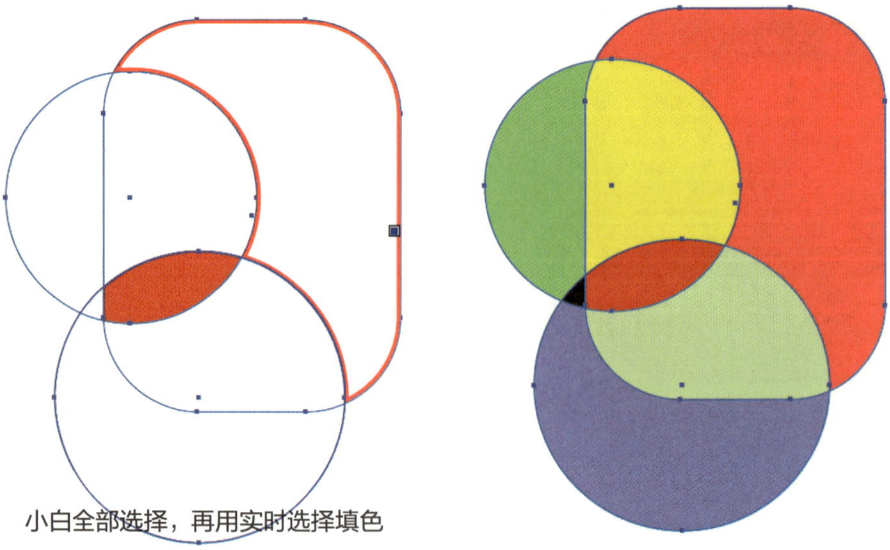

图1.5.17　选择后填色

（4）实时上色区域选择、填色如图1.5.18～图1.5.22所示。

实训练习二：卡通小人实时上色

（1）数位板画笔工具，线条自然，有一定趣味性。
（2）复制图形，实时上色工具全选上色区域。
（3）选择颜色，在区域内填色。
（4）填色以后置于底层，与原来的线稿合并。

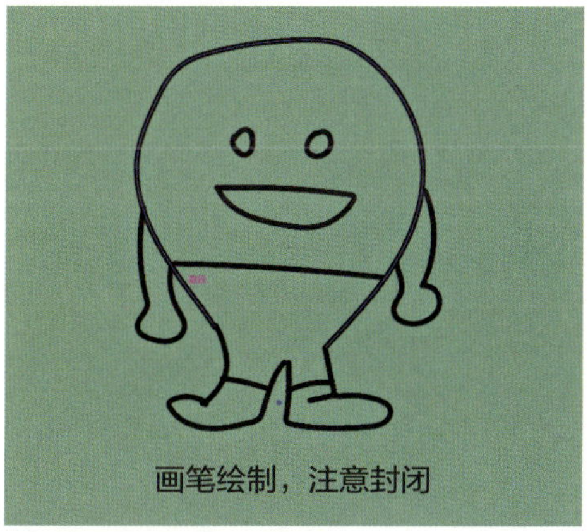

图1.5.18　画笔绘制图形

图1.5.19　小白选择全部

图1.5.21　在区域内填色2

图1.5.20　在区域内填色1

图1.5.22　在区域内填色3

第二章

服装图形设计与绘制

PPT 课件

章节要点

单元概述：图形图案是服装设计的重要组成部分，本章通过绘制服装图形图案，了解绘图软件的基本操作方法，由临摹开始逐步完成服装图形图案的设计创作。

单元重点：服装图形设计方法。

单元难点：Ai图形绘制。

单元思政：传统文化与设计，文化自信。

使用软件/工具：Ps/Ai。

单元总学时：16学时（理论1学时、演示3学时、实训12学时）。

2.1 服装图形构成

2.1.1 形式多样的服装图形

形式多样的服装图形

现代生活中的服装设计，把注意力从夸张的造型变化，转为更具表现力的图形，极大地丰富了服装设计的表现语言，给了设计人员更大的表现空间。

服装图形形式多样，有具体的形象、图案化形象、符号形象、logo和抽象色块等。

服装图形结合服饰品进行设计，其实际穿着时，会随着人体会产生一些变化，不再是平面的样式，因此，在设计时要考虑到具体部位，静态和动态的效果（图2.1.1）。

服装图形主要由点、线、面和色彩构成，有直接使用设计好的图形面料的，有在服装上根据服装造型在局部设计图形的，也有把图形作为服装面料的组成部分（毛衣针法）的（图2.1.2～图2.1.4）。

在我国民间，保留着传统手工扎染的技艺，使用天然染料，制作出来的图形随机性很大，如大自然的丰富变化，具有偶得之美（图2.1.5）。

图2.1.1 服装上的图形

图2.1.2 多元素组合的单独图形

图2.1.3 形状组成的连续图形

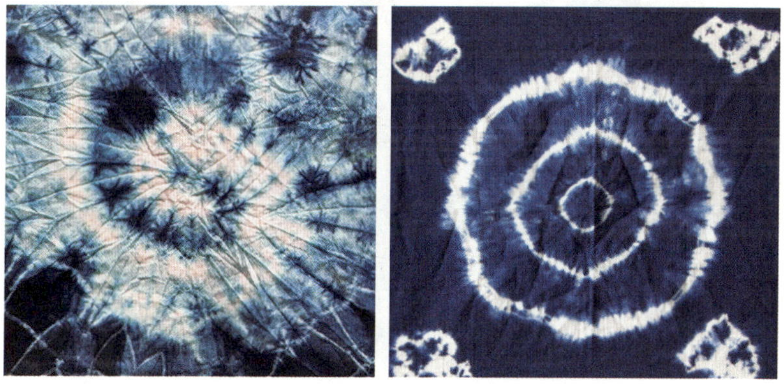

图2.1.5 传统的扎染应用与服装，具有偶得的随机效果

图2.1.4 服装花边

2.1.2 单独图形

单独图形是指组织与周围其他图形无直接联系，其外形完整、结构严谨，避免松散零乱，可以单独用作装饰。作为图形的最基本形式，单独图形从布局上分为对称式和均衡式两种。

（1）对称式。又称均齐式，是以假设的中心轴或中心点为依据，图形左右、上下对翻或四周等翻，图案结构严谨丰满、工整规则。又可分为绝对对称和相对对称两种组织形式。

①绝对对称。是指图形关于对称轴或对称点形状、色彩完全相同，等形、等量的组织形式。具有条理，平静、严肃、稳定的风格，力量感较强。按对称角度不同，一般有左右对称、上下对称、旋转对称三种形式。按基本形的组织动势又可分为独立式、相对式、相背式，交叉式、向心式、离心式和结合式等形式（图2.1.6）。

②相对对称。是指图形总体外轮廓呈对称状态，但局部存在形或量的不等之处的组织形式，具有动静结合、稳中求变的新鲜感（图2.1.7）。

（2）均衡式。又称平衡式，它的特点是不受对称轴或对称点限制，结构较自由，但要注意保持画面重心的平稳。这种图形主题突出、穿插自如、形象舒展优美、风格灵活多变，运动感强（图2.1.8）。

均衡式又分为涡形式、S形式、相对式、相背式、交叉式、折线式、重叠式、综合式等。

2.1.3 连续图形

以一个单位重复排列形成的无限循环、连续不断的图形。连续图形一般有二方连续和四方连续两种形式。连续图形多用于面料、底纹的设计（图2.1.9、图2.1.10）。

图2.1.6 绝对对称的蝴蝶图形

图2.1.7 相对对称的中国传统龙凤图形

图2.1.8 均衡式的中国传统剪纸图形

图2.1.9 二方连续形式的中国传统缠枝纹样

图2.1.10　四方连续图形在服装上的应用

2.1.4　服饰图形设计

服饰图形设计具有时效性，首先要结合当前的时尚流行趋势，采用市场上喜闻乐见的形式，这样作为商品的服装才能够受到消费者的欢迎，为厂家、商家带来经济回报，不能一味以自我为中心，不考虑服装的商品属性。

服饰图形根据不同服饰品种有着不同的变化，并不是每件服饰都有图形，然而，从整体构成的角度来看，每套服饰的搭配，每套衣服与人，都在形成“点、线、面、体”和色彩方面的构成关系，因此，掌握图形构成的形式语言，从整体上去观察图形设计，能够使局部的图形更好地符合服饰的整体设计。

T恤衫的款式变化少，设计上的差异化主要体现在色彩、材质与图形设计上。有字母和logo组合而成的图形，也有写实图案和文字组合的图形（图2.1.11）。

图2.1.11　T恤单独图形

服饰图形设计要符合服装风格，童装的图形设计就需要使用扁平化风格的表现形式（图2.1.12）。

服饰品本身具有一定的轮廓和造型，并不是一张四四方方的纸张，服装是立体的，正面和背面是主要的表现区域，满身的图形无论抽象还是具象，都应该以服饰本身为依据（图2.1.13）。

一些品牌会依据品牌logo拓展出图形的变化，使品牌具有很强的家族感。

服装图形多以简单的形态表现，简单几何形体的组合，配合颜色对比，经过多种多样的组合形式，就可以表现出丰富多彩的服装图形。单独图形绘制一般步骤为：先绘制形状，Ai中最好绘制封闭的轮廓形状，不要急于画细节，把组成的形状画好，再进行色彩搭配，配色以后再画线条细节。复杂的图形是由简单的图形组合而成的，学习简单图形的绘制方法，可以为绘制复杂图形打下基础。

图2.1.12　扁平化风格的童装图形

图2.1.13　基于服饰设计的满身图形

2.1.5　Ps——心形图形

要点：Ps形状、填充、选择、绘制工具，如图2.1.14～图2.1.19所示。

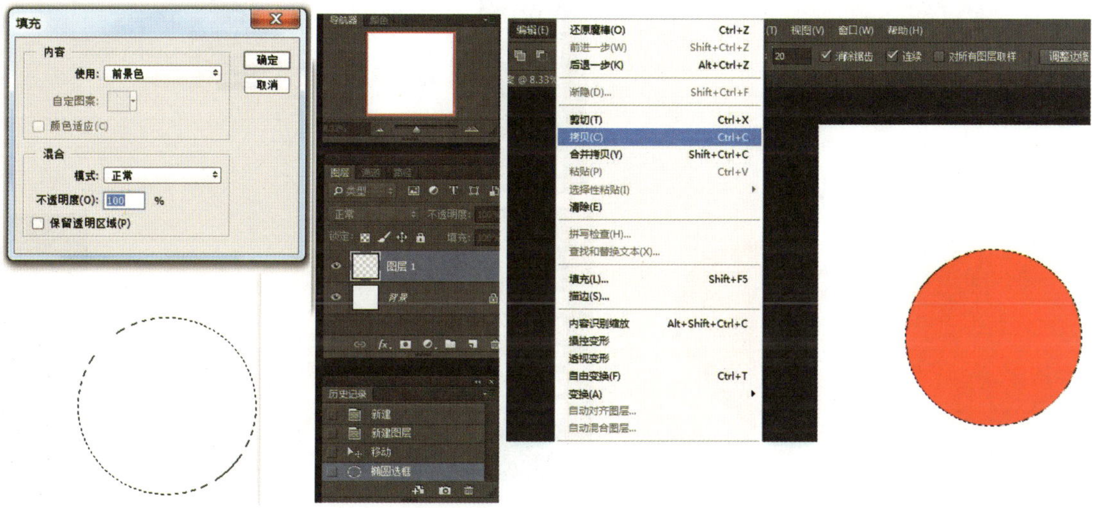

图2.1.14　Shift+椭圆选框工具画正圆，并填充

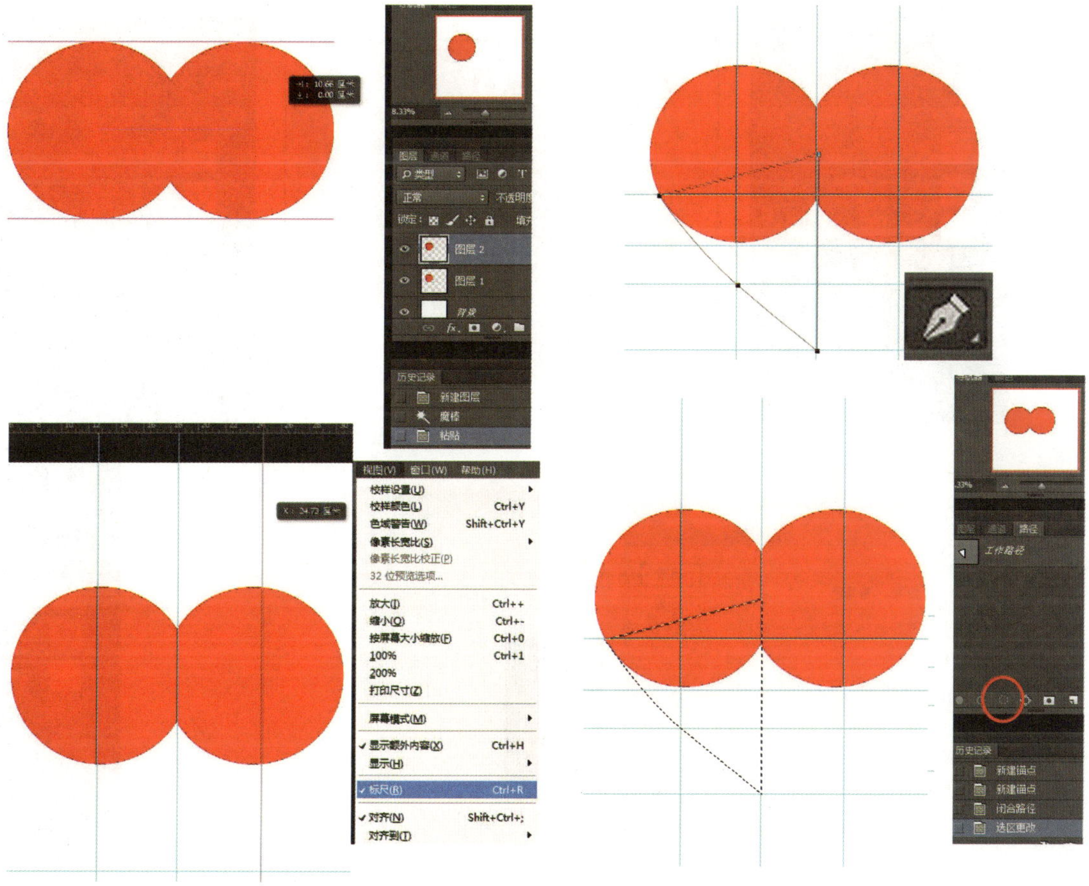

图2.1.15　复制与钢笔，路径变选区

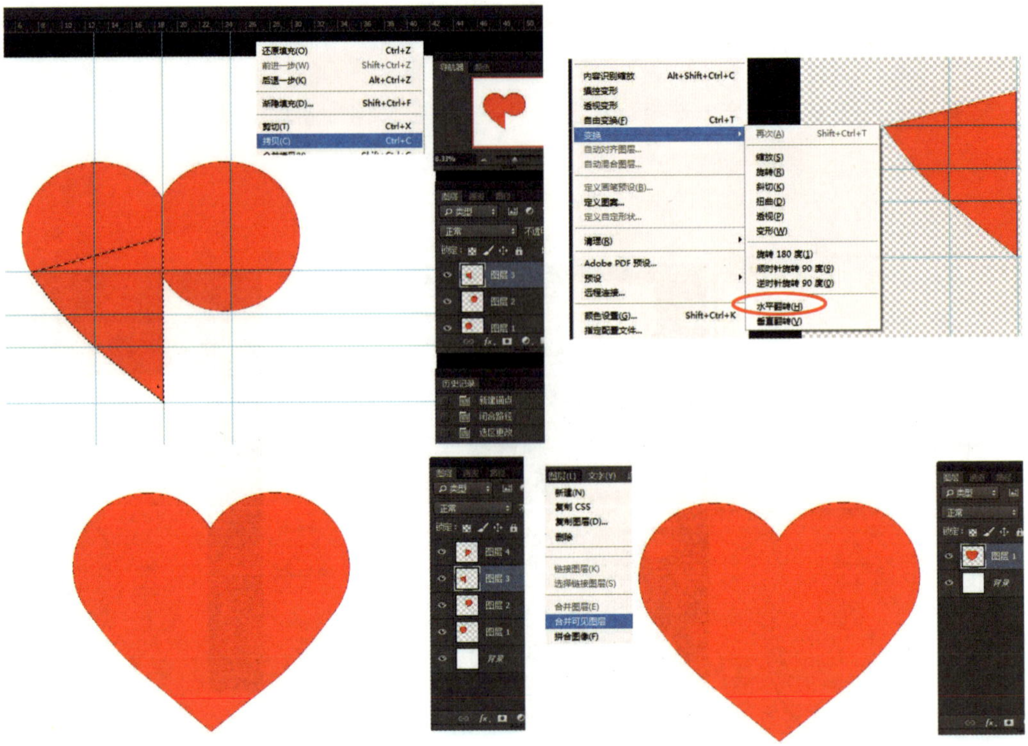

图2.1.16 辅助线应用、复制对称

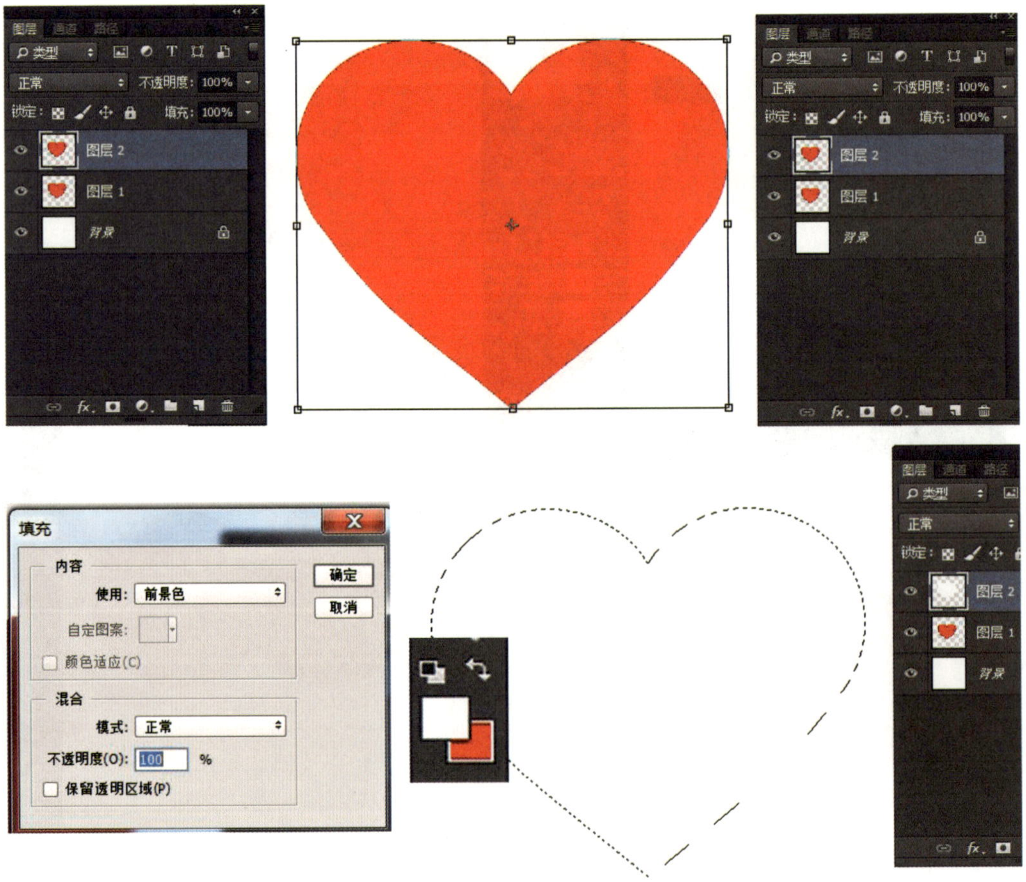

图2.1.17 复制—变换—调整大小

图2.1.18　选区移动并清除

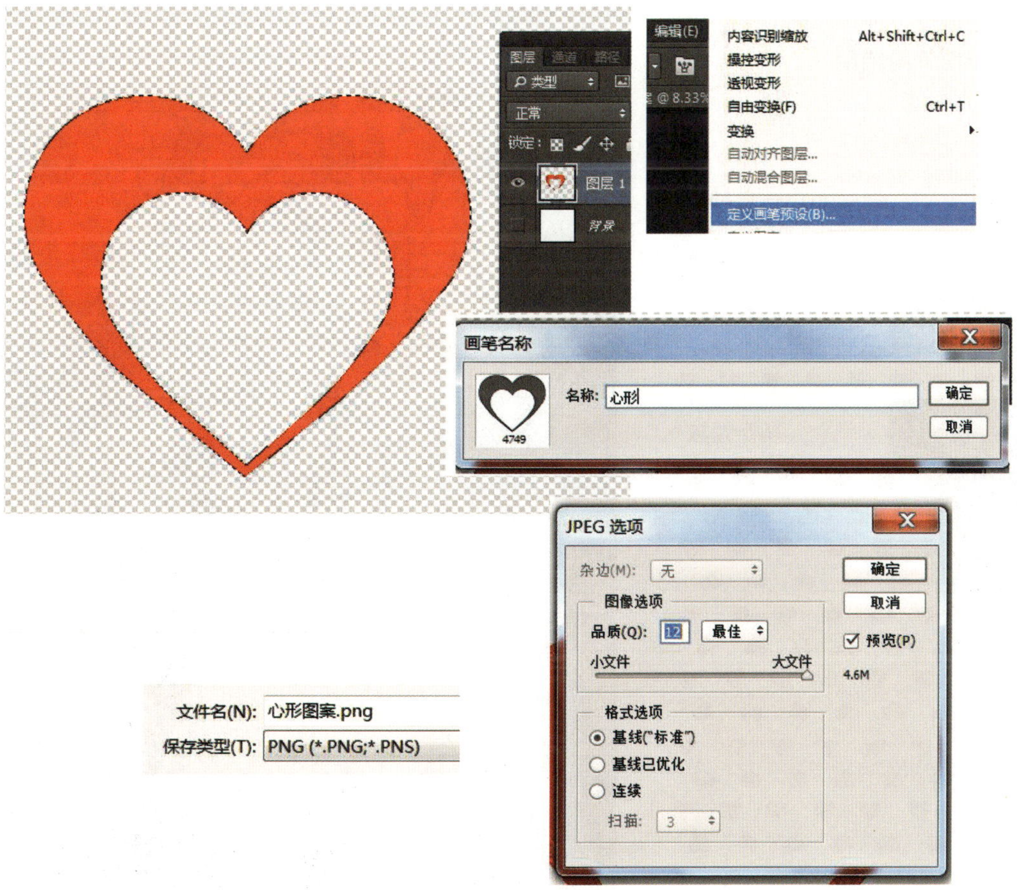

图2.1.19　透明背景，定义画笔预设，可快速绘制多个图形

2.1.6 Ai——心形图形

要点：形状工具、路径查找器、直接选择工具、混合工具，如图2.1.20、图2.1.21所示。

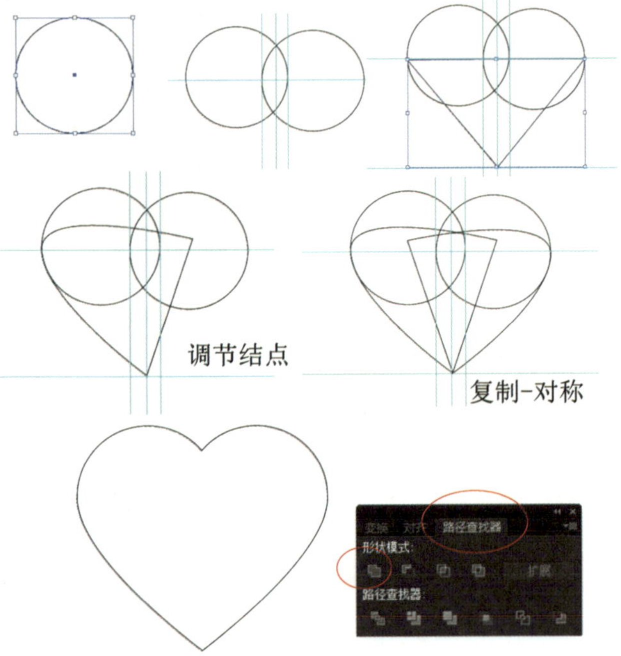

图2.1.20 形状、标尺、钢笔、路径查找器

【优秀传统文化】

《凤夔美人》帛画

战国中期晚段楚墓，《凤夔美人》帛画（又称《人物龙凤图》）。

绘一身着宽袖长袍侧身而立的妇女，双手合十，袍裙曳地。上方有引颈张喙的凤鸟，呈展翅腾飞状；另有一龙张举双足，躯体扭曲，呈向上升腾之状，此画的主题为引魂升天（图2.1.22）。

夔，是中国神话传说中一条腿的怪物，出自《山海经·大荒经》，女子祝祷，一凤一夔相搏，善灵战胜了恶灵，生命战胜了死亡。画的构思把幻想与现实巧妙交织在一起，表现了战国的时代精神。

图形使用线条与色块表现，简洁明了。

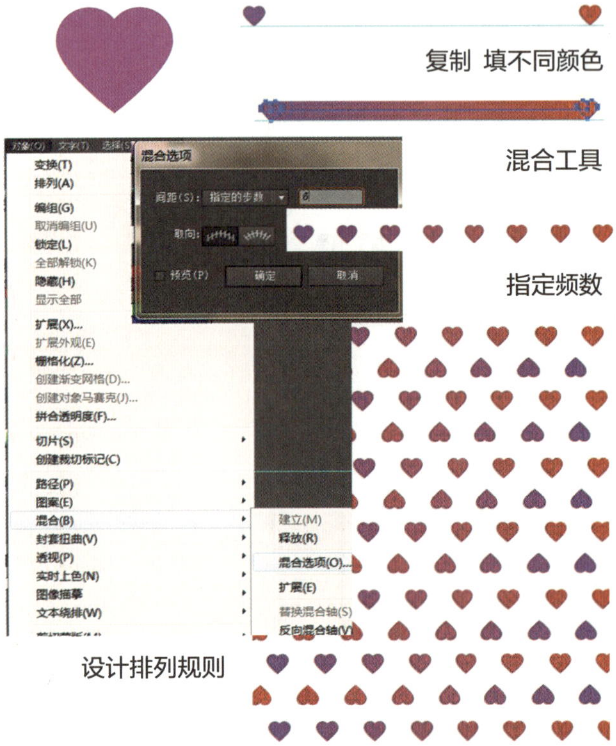

图2.1.21 Ai混合工具

图2.1.22 《凤夔美人》帛画（又称《人物龙凤图》）

2.2 文字图形设计

文字图形设计

2.2.1 文字图形

文字图形是服装服饰图形中常用的视觉符号，既具有装饰性又能够传递一定的信息内容（图2.2.1）。

文字图形的设计内容可划分为书法字体、装饰字体、英文字体。

（1）书法字体。书法艺术在我国有三千多年的历史，是中国传统文化。书法是文字符号的书写法则，以其书体笔法、结构和章法书写，使之成为富有美感的艺术作品。

书法植根于中国传统文化土壤，有自己的系统性、完整性与条理性，闪耀着中国古代文人的智慧光芒，表现了中国文化的“神、气、骨、肉、血”等精神内核（图2.2.2）。

（2）装饰字体。装饰字体是在基本字形的基础上进行装饰、变化而成。一定程度上摆脱了常规字体的字形和笔画的约束，根据需要进行设计，达到加强文字的精神含义和富于感染力的目的。

装饰字体符合平面构成规律，线条粗细、圆厚柔滑、粗犷硬朗等，构成了字体不同的风格，常运用夸张、明暗、增减、装饰等手法，以丰富的想象力，重新构成字形，丰富了字体的视觉语言。老式字体往往有衬线，反映出传统字体设计的特征。

老式字体字母往往会有倾斜的轴线，这是镌刻字体的凿子类工具所特有的痕迹。现代字体设计趋于清晰、简洁，字体被简化，衬线逐渐被去除，线条也不再有粗细之分，干净利落，更具机械绘制的特点。

（3）英文字体。英文字体（包括汉语拼音）的设计，与汉字设计一样，也可以分为两种基本字

图2.2.1 文字图形具有装饰性，并能传递信息内容

图2.2.2 体现中华文化审美的书法字体设计

体，即书法体和装饰体。英文字体应用广泛，具有较长的历史沿革，每一种字体都有着一定的时代特征，每种字体自身也随着时代演变而不断改进（图2.2.3～图2.2.6）。

图2.2.3　不断演进的Helvetica字体

图2.2.4　Radnika字体

图2.2.5　变化的Dual字体

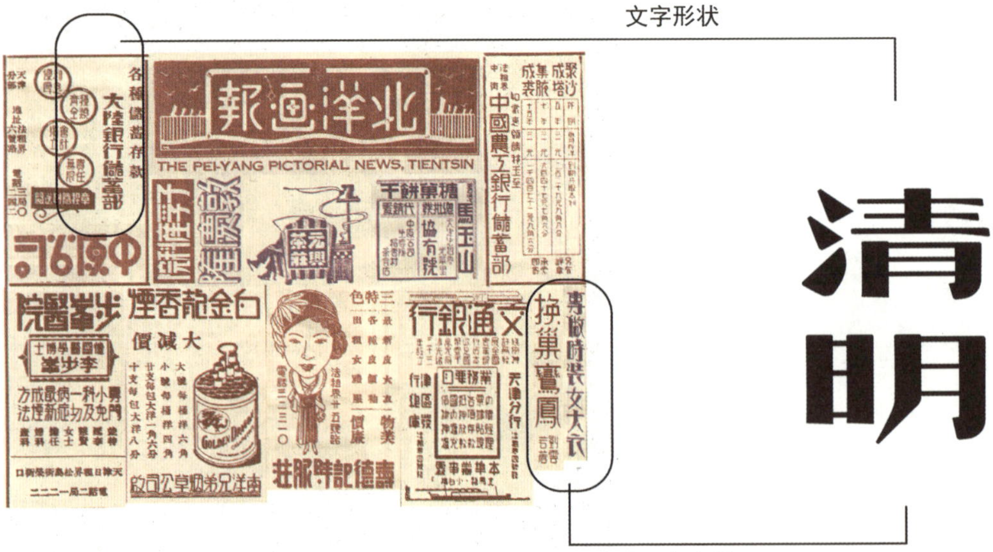

图2.2.6　根据民国风素材设计字体

Helvetica是1957年瑞士字体设计师马克斯·米丁格（Max Miedinger）、爱德华·霍夫曼（Eduard Hoffmann）合作设计出来的一种性格中立的无饰线字体，通用好辨认，是一款理性的字体，被视作现代主义在字体设计界的典型代表，是现在最流行的无饰线西文字体之一，被广泛用于世界上使用西文字母的国家。

Radnika是一种多用途字体，填补了19世纪强烈和富有表现力的字体与20世纪精美而严谨的字体之间的差距。

Dual是一款典型的无衬线字体。笔直的线条、完美的90度拐角让这款字体呈现出简单清晰的立体几何感，同时又兼顾了优良的可读性。

2.2.2 文字图形设计原则

（1）字体类型。文字图形设计首先需要熟悉字体的分类，了解哪些是传统字体，哪些是现代时尚字体，字体所代表的时代特征。根据字体所代表的时代风格进行创新设计（图2.2.6）。

（2）字体的情感特性。文字通过构成形式，能够传达一定的情感特征，喜、怒、哀、乐，服装中常用酷、可爱等情感，表现不同类型的服装设计语境。

秀丽的字体优美清新，线条流畅，给人以华丽柔美之感；稳重挺拔的字体造型规整，富于力度，给人以简洁爽朗的现代感，有较强的视觉冲击力；活泼有趣的字体造型生动活泼，有鲜明的节奏韵律感，色彩丰富明快，给人以生机盎然的感受；苍劲古朴的字体朴素无华，饱含古时之风韵，能带给人们一种怀旧感。

了解字体的自然属性，掌握字体单位、字间距、行间距等基本概念，才能够更好地传递出各类形式语言。

（3）根据主题选择字体。设计除了创新，还需要学会选择，选择哪个设计素材最合适，是考验设计人员审美水平的重要一环。

（4）字体的形式语言。掌握文字的常用编排方式如线性排列、面化排列、横向排列、竖向排列、左对齐排列、右对齐排列等，并有效地传递信息，合理设计字体颜色，可通过色彩区分和传递文字信息。

2.2.3 字体设计流程

字体设计流程为构思、素材、设计、调整、完善（图2.2.7～图2.2.15）。

（1）确定服装风格和内容。确定设计主题、风格，需要呈现的要素，例如文字、图形，是简洁的还是复杂的，是田园风还是小香风等。

（2）搜集相关资料。根据确定的风格寻找相关的资料，相近的字库字体结构参考等。

（3）绘制设计草图（软件Ai）。依据参考资料，设计基本笔画特点，完成初稿。

（4）完成文字。做字时需不断检查“单个的字”和“整体的字”，单个的字：主要检查字体内部偏旁部首之间的位置、距离是否协调，再就是笔画与笔画之间的亲疏关系。整体的字：主要检查各字体的重量是否一致。观察字体的“识别性”和“美观度”，边观察，边修改。

（5）调整。字体细节调整，例如方角处理，使设计更耐看。

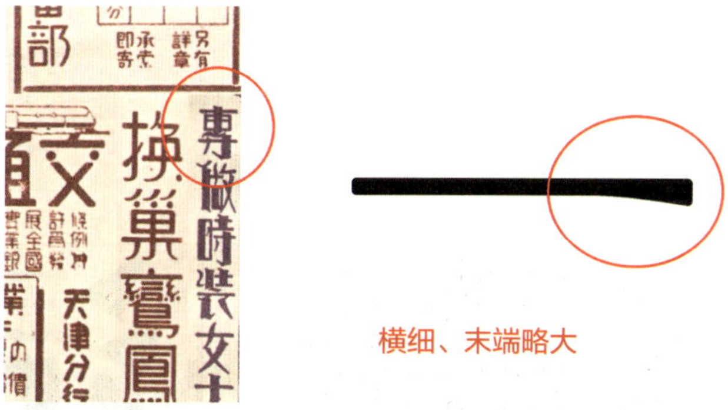

图2.2.7　根据素材的特点设计笔画

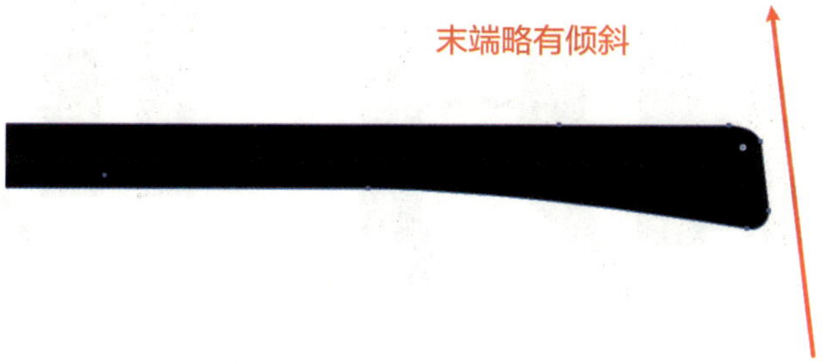

图2.2.8　设计笔画的细节

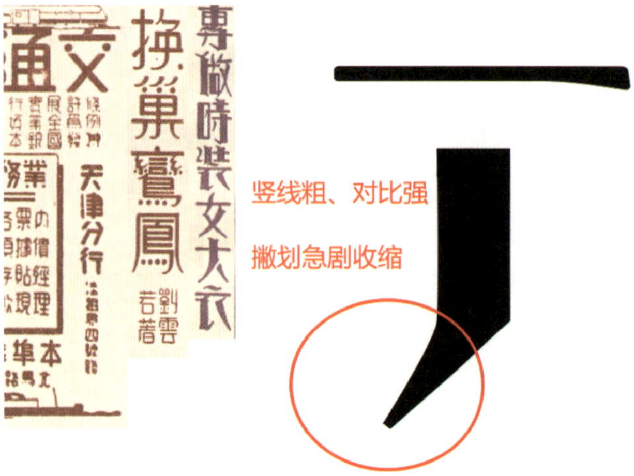

图2.2.9　设计主要笔画的细节

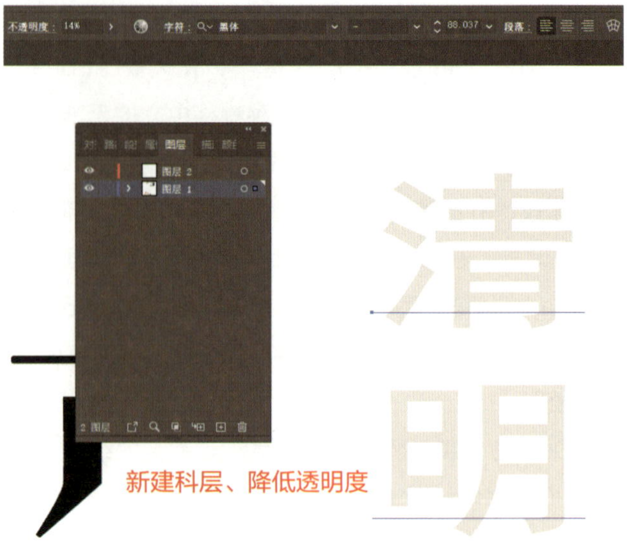

图2.2.10　分图层，参考黑体字，调整字形

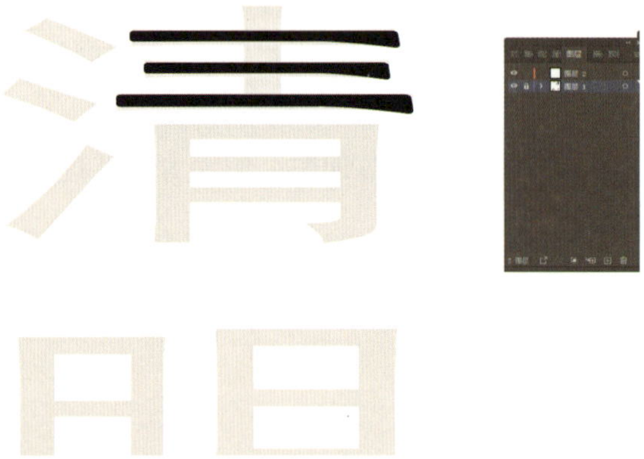

图2.2.11　安排笔画，注意适当调整每一个笔画的粗细，中间略细

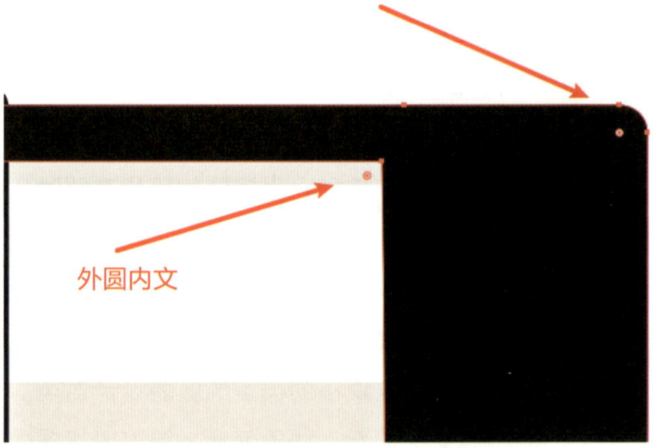

图2.2.12　中国传统外圆内方的审美，如古代钱币

图2.2.13　初步完成所有笔画的设计后，再进行细节微调

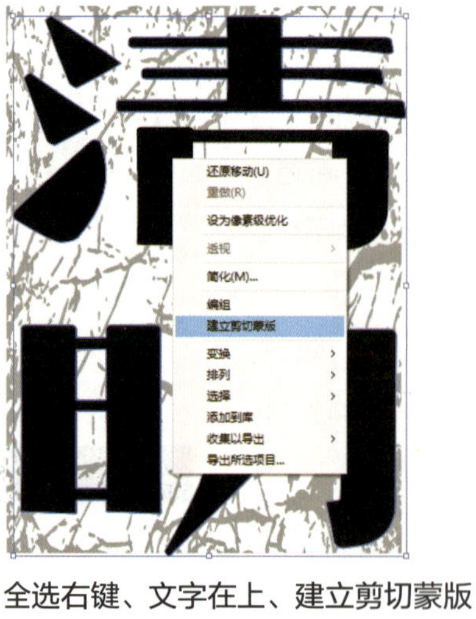

图2.2.14　为文字加入纹理素材

图2.2.15　完成民国风的文字设计

2.2.4　彩色半调文字图形

主要技能有：创建轮廓、彩色半调、扩展外观、图像描摹；绘制步骤如图2.2.16~图2.2.29所示。

（1）文字转矢量。文字工具打字—选择字体—选中文字右键—创建轮廓（变为矢量）—取消编组（变为单个文字）。

（2）文字设计。调整文字位置大小—旋转文字—文字描边粗细。

（3）彩色半调。复制文字—黑白渐变—效果—像素化—彩色半调。

（4）扩展外观。分别扩展外观—变为位图（变为位图，便于后续填色）。

（5）建立并扩展。图像描摹—建立并扩展—单独取出便于分别合成变回矢量图。

（6）分离半调与底色。单独取出文字，便于分离—取消编组—拿掉白底，保留黑色—黑色部分再次编组，便于选取移动。

（7）组合与设计。图底结合—色彩设计—背景设计—细节设计。

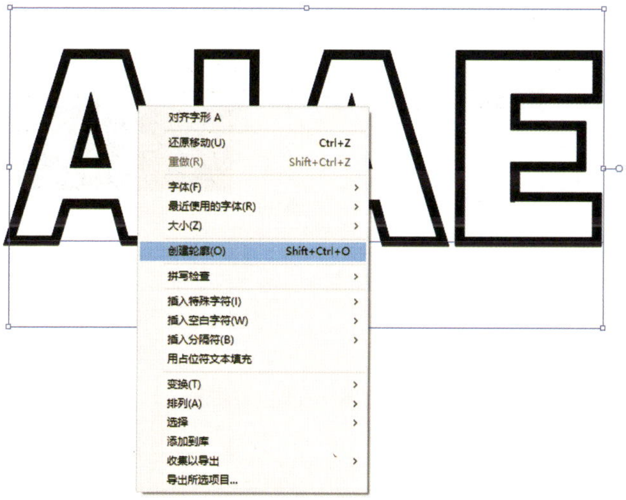

图2.2.16　创建轮廓，文字转为矢量

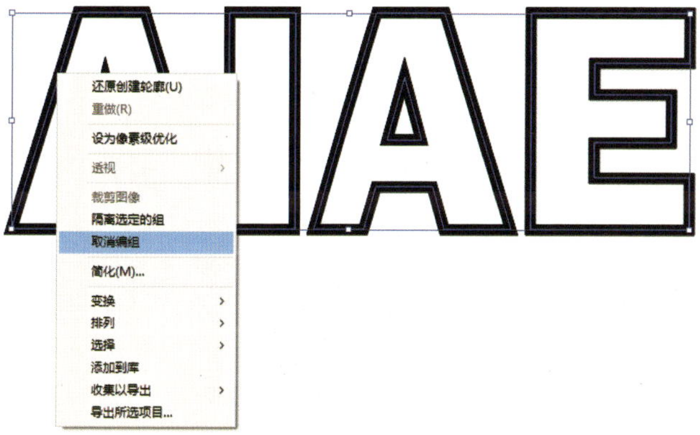

图2.2.17　取消编组，变为单个文字

图2.2.18　文字设计，位置调整

图2.2.19　复制文字—黑白渐变

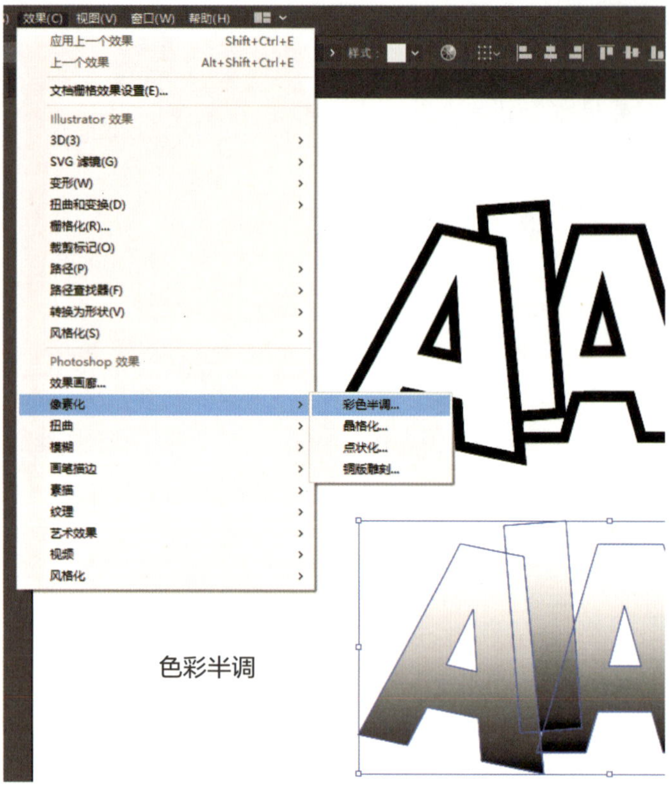

图2.2.20 效果—像素化—彩色半调

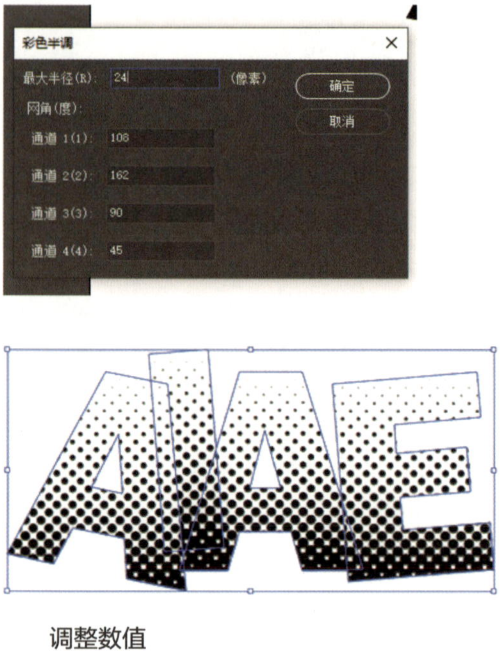

图2.2.21 观察效果，反复调整数值

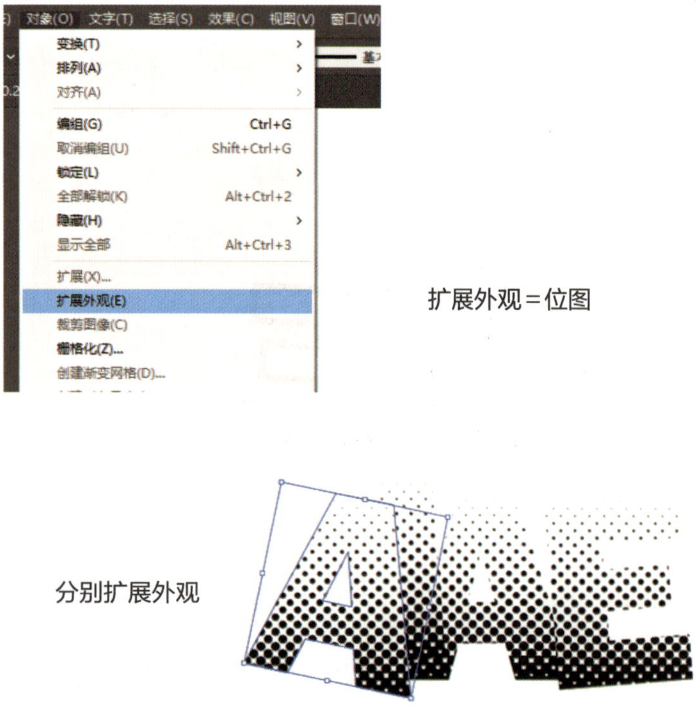

图2.2.22 扩展外观

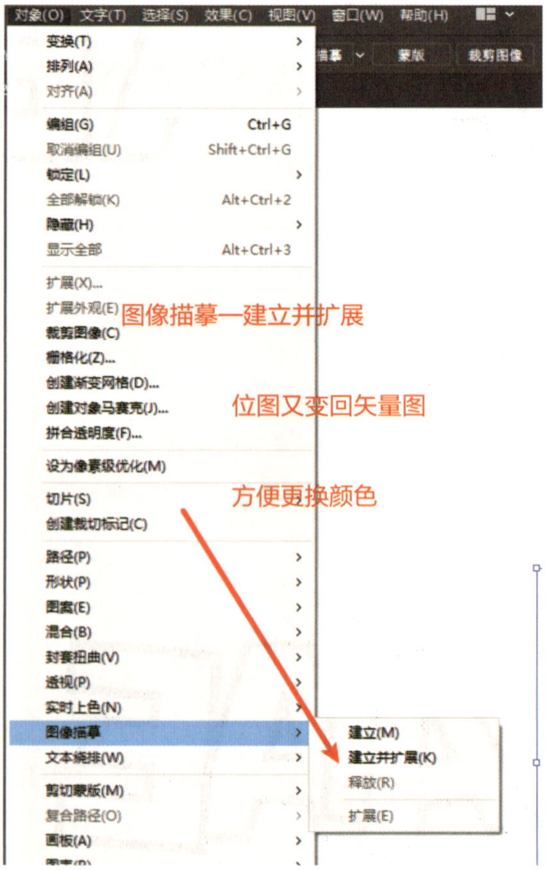

图2.2.23 建立并扩展

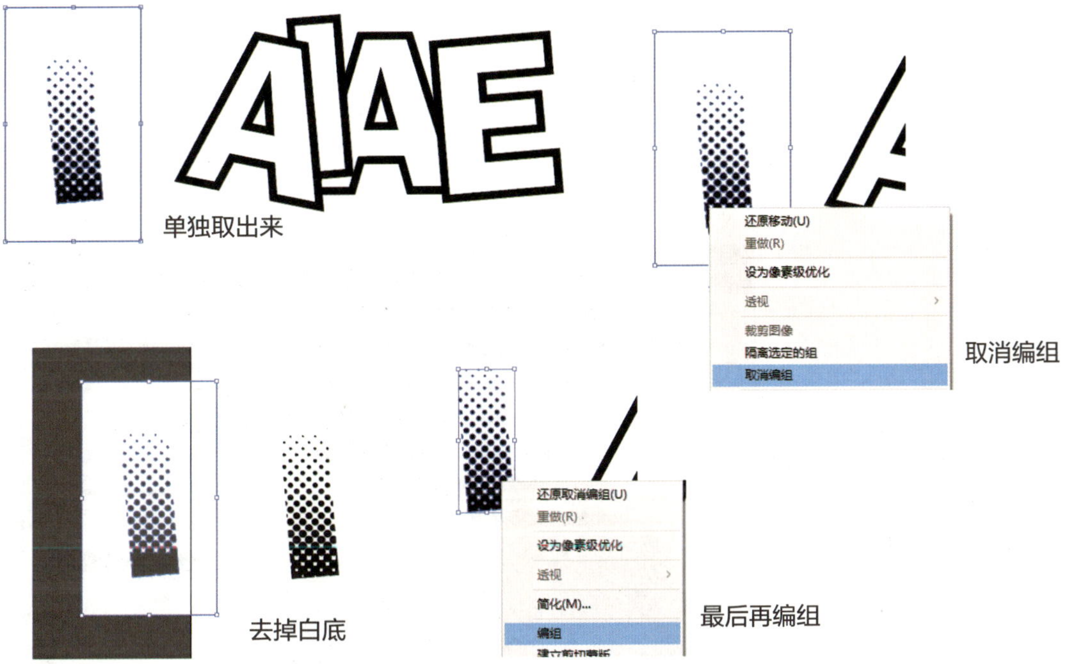

图2.2.24　分离半调部分

图2.2.25　半调填色，移到合适位置

图2.2.26　图底色彩搭配

图2.2.27　轮廓线压在文字和半调最上面

图2.2.28　背景设计

图2.2.29　细节设计

2.2.5　杭州文旅T恤

设计并绘制以文字为主的杭州文旅T恤，如图2.2.30～图2.2.37所示。

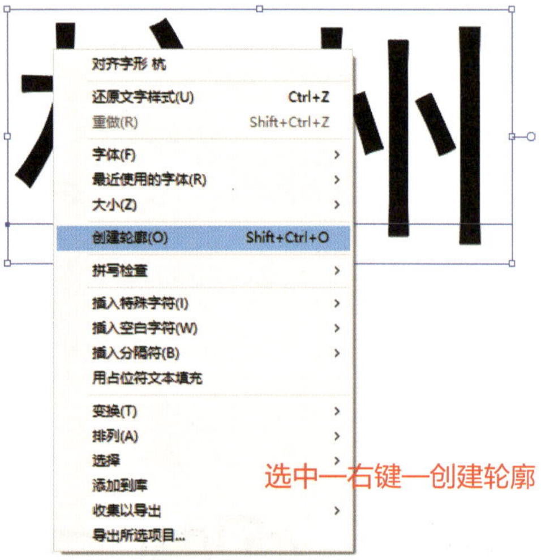

图2.2.30　创建轮廓

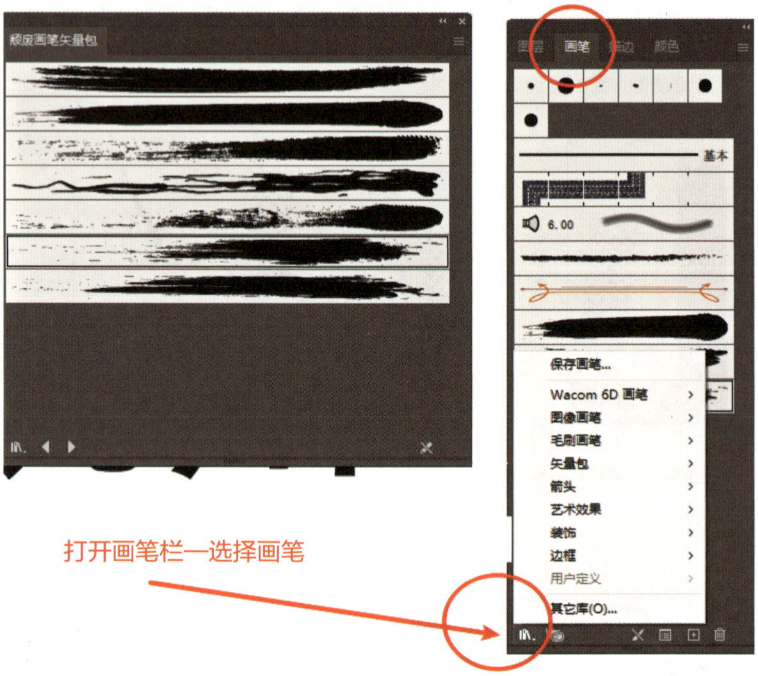

图2.2.31　在画笔库选择画笔

图2.2.32　使用数位板绘制笔画

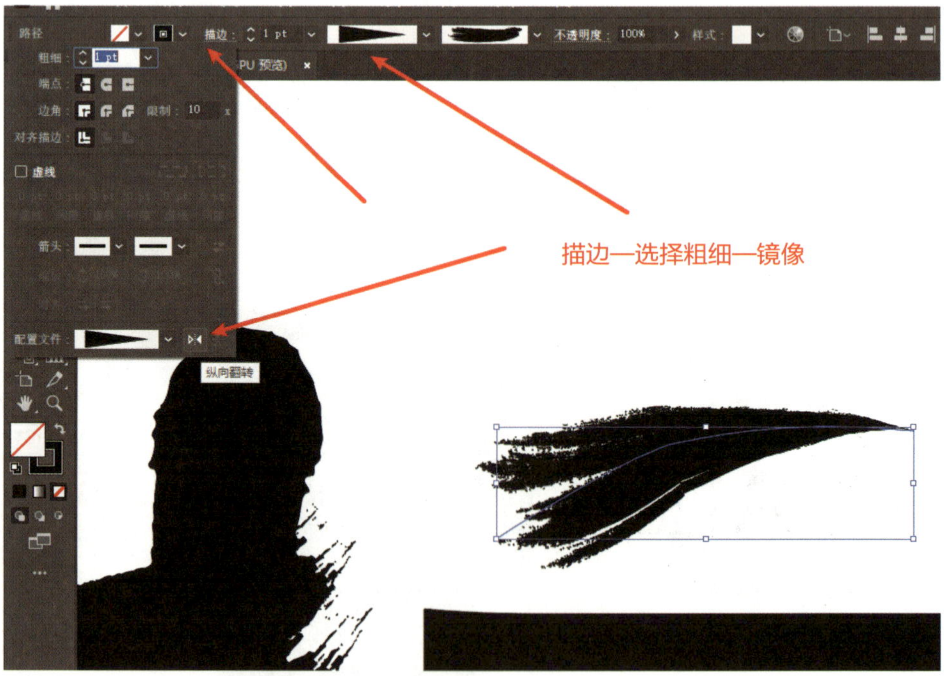

图2.2.33　调整笔画，注意粗细大小的变化

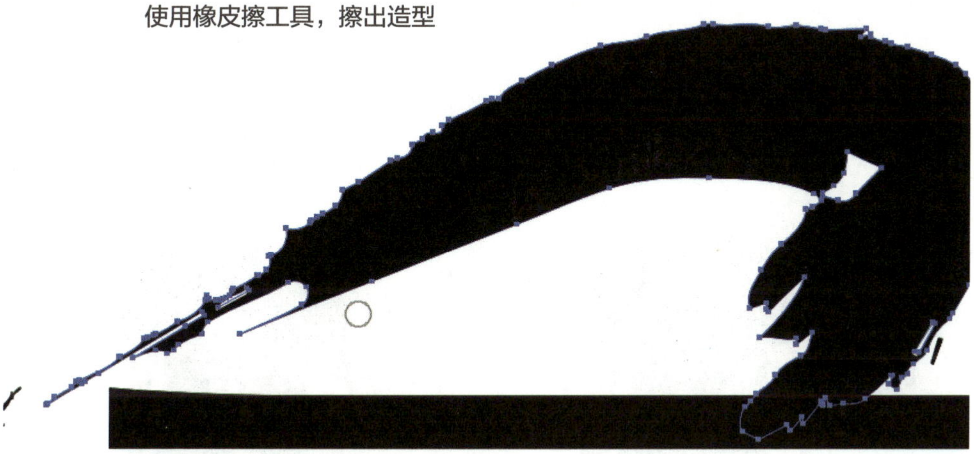

图2.2.34　轮廓状态下，可以使用橡皮擦出造型

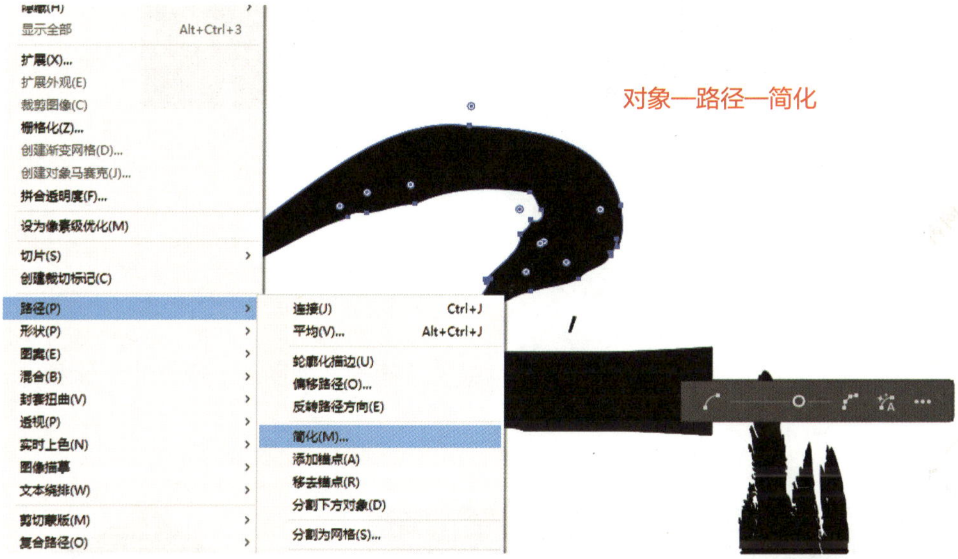

图2.2.35　复杂轮廓可以简化

图2.2.36　加入一些细节使之更加丰富

图2.2.37　具体应用在服装上

2.2.6 图文结合设计练习

要求使用中英文加图形，设计一个服装图形，如图2.2.38所示，jpg格式，A4大小。

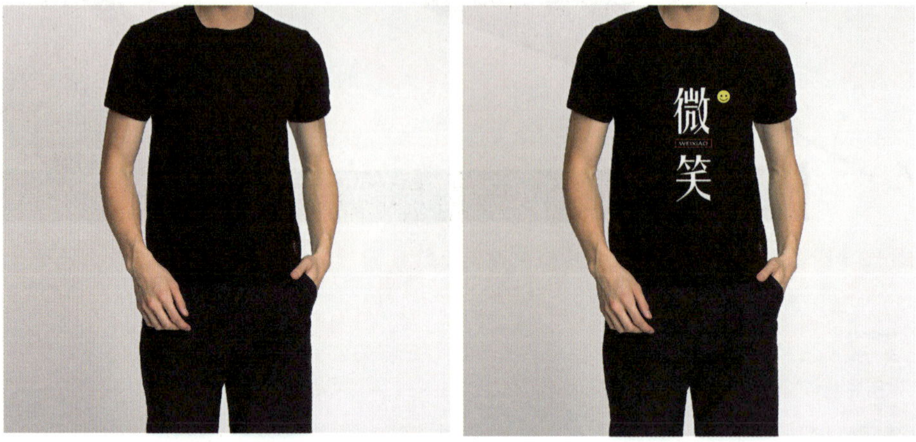

设计前　　　　设计后

图2.2.38 中英文加图形在服装上的应用

2.2.7 卫衣文字图形设计练习

要求以活动为主题，设计一个服装文字图形，如图2.2.39所示，jpg格式，A4大小。

图2.2.39 北京冬奥会文字图形设计

【优秀传统文化】

书法艺术

在五千年的发展过程中，无数汉字共同构筑了中华文明，迁延并光大了中华文化。最初的汉字称为“文”，中国文字统一后的第一部字典便称为《说文》，“文明”正是对汉字“无物不明、无识不化”的特殊功能的阐释（图2.2.40、图2.2.41）。

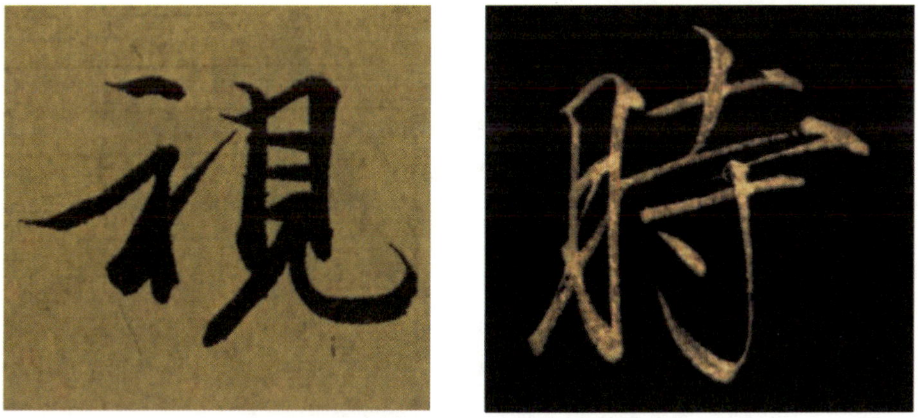

书法中的线条，变化多端，表情达意

图2.2.40　汉字书法线条结构变化丰富

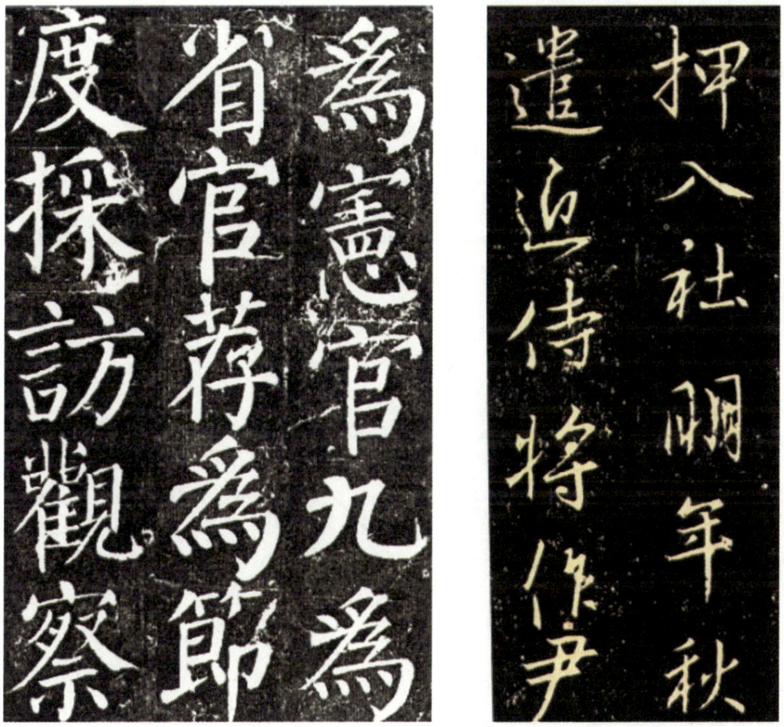

图2.2.41　汉字的风格多样，内涵极其丰富，是我国优秀的传统文化

2.3 图形设计方法

图形设计方法

软件工具通过一段时间的练习可以逐渐熟悉，而设计则需要了解方法，设计是创新的活动，服装设计的价值就在于创造新的形式。本节介绍几种常用的设计创新方法。

2.3.1 画着画着就设计出来了

服装设计除了先前整体的构想和客户要求，更多的是在绘制的过程中完成设计，边画、边看、边想、边改，设计的初稿就出来了。

数位板绘制，不像拿笔绘制那样控制自如，画出的线歪歪扭扭，有时反而有特殊效果。童装图形设计，利用了颤抖和不规律的效果，表现北极熊蓬松的皮毛，笨拙的笔触恰好表达一种儿童画般的童趣，具有幼稚笨拙的可爱效果，结合同样风格的字体，不考虑造型是不是准确优美，在随性行笔中完成了具有涂鸦效果的设计（图2.3.1～图2.3.3）。

设计没有一定之规，合适合用就好，需根据具体情况打破常规，大胆尝试，不要只是抬着头冥思苦想，画着画着设计效果就出来了。

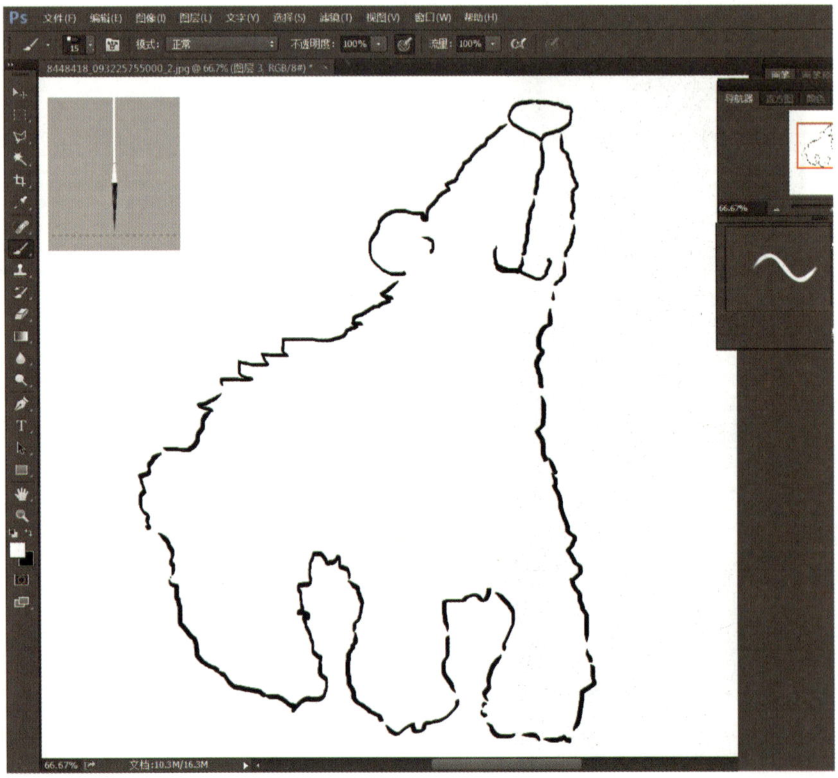

图2.3.1 选择画笔鼠绘图形

图2.3.2 童装文字图形设计

图2.3.3 应用到服装上

图2.3.4　搜集创作主题与素材

2.3.2　改出来的设计

改动也是设计的一种方法，根据准备的素材，结合设计人员的审美和软件使用技巧，经过合成、增减，最终形成设计。

Ps软件的一个重要功能就是对图片的修改和处理，印第安酋长T恤图形设计过程是，先准备酋长相关素材图片，图片可尝试滤镜中的多种处理方式，调试到满意为止。根据设计风格，处理出具有蛮荒质感的肌理，填充在文字中，拼合图形和文字，放置在服装合适的位置（图2.3.4～图2.3.6）。

图2.3.5　Ps酋长图形设计

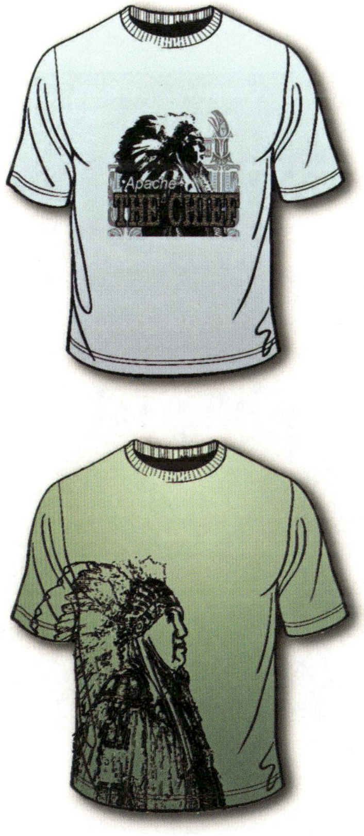

图2.3.6　T恤图形位置

2.3.3 基本形状组合

复杂图形是由简单的形状组合而成，抽象或具象图形从形态上分为有规律的几何图形和自由图形，计算机在几何形态、重复、变形等有规律的制作方面非常便捷，为设计复杂图形节省了时间。

设计复杂图形可以从基本单元入手，把几个基本单元拼合到一起形成一个循环单元，设计人员调整位置和大小，通过复制合并工具，反复几次就可以得到一个大面积的复杂图形的材质。这种方法在服装中应用广泛，包括印花图形、织物组织、材质肌理、花边装饰等（图2.3.7～图2.3.11）。

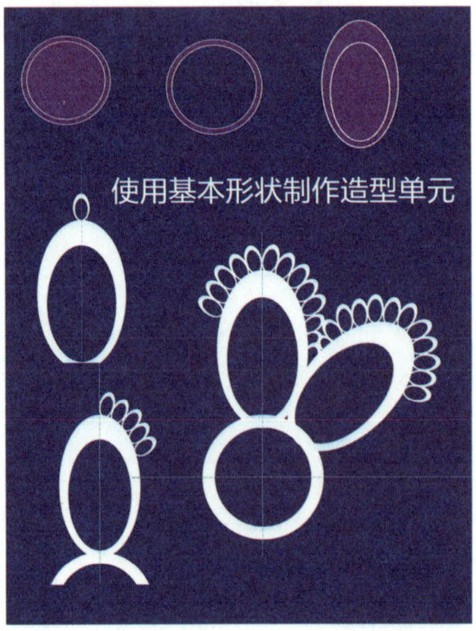

图2.3.7 使用简单形状的重复形成一个单元

图2.3.8 旋转一个单元形成花瓣

图2.3.9 绘制更多的单元，并旋转复制每一个单元

图2.3.10 绘制好以后，使用线来连接，并进行取舍

图2.3.11 一个复杂单元不断重复，形成更为复杂的花边图形

2.3.4 借鉴

借鉴各类艺术形式的表现手法。我国有着丰富的传统文化，是设计创作的源泉。例如学习工笔花卉的用笔和上色，调整画笔工具的形状为斜向扁圆，这样使用数位板绘制时，线条就会有变化，具有白描线条的效果；上色阶段，调整数位板画笔笔触为不规则散点，涂色时轻轻落笔涂色，反复几次，会出现过渡均匀的效果（图2.3.12）。

2.3.5 花卉图形临摹

花卉图形美观丰富，是服装中常用的图形种类。花卉是一种较为复杂的图形，要分清每一个花瓣和颜色层次，找一个已有的花布作为参考（图2.3.13）。

临写花布，使用Ai钢笔工具勾线，注意每一种颜色层次都需要勾画封闭的线，这样才便于填充颜色，绘制一个阶段后，为了选择方便操作，可以把几个色块进行组合。

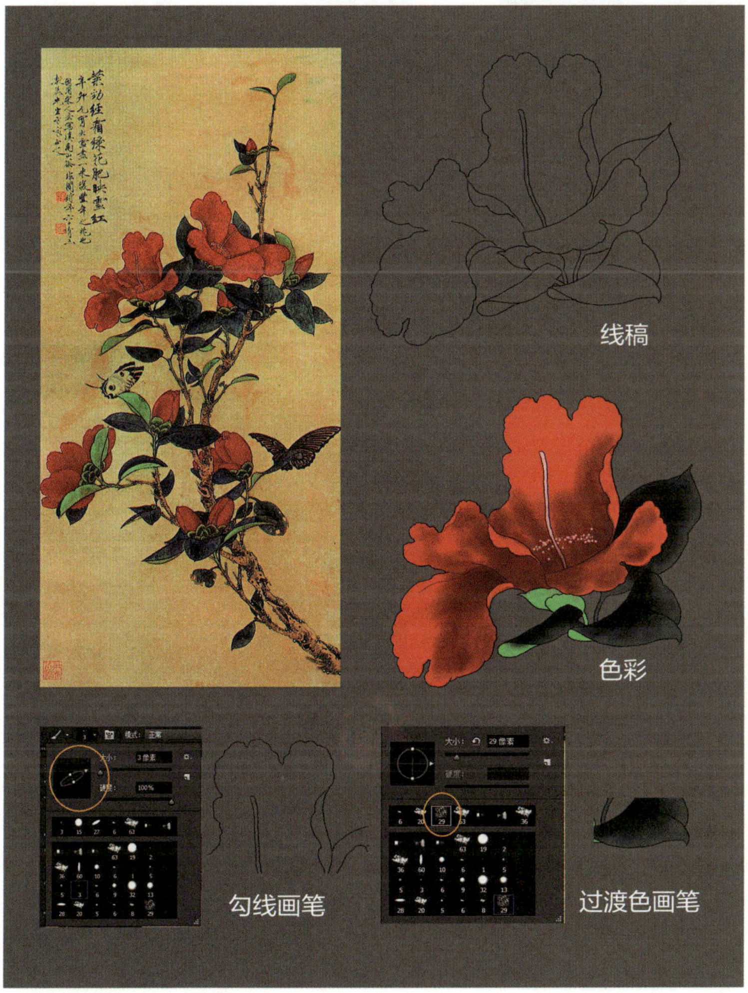

图2.3.12 借鉴传统表现技法，使用数位板学习线条与色彩绘制

图2.3.13 满地花卉是服装常用的图形表现形式

临摹是一种常用的学习方法，找到优秀作品，通过临摹可以学到很多好的技法，临摹分为完全临摹、借鉴临摹和局部临摹（图2.3.14、图2.3.15）。

图2.3.14　完全临摹，根据线条和色块完成临摹

图2.3.15　借鉴临摹，临摹主要表现手法，临摹色彩过渡

2.3.6　写实花卉

根据自然写生素材完成的服装图形，多采用色彩过渡表现明暗关系，具有一定的立体感和真实感，在使用数码印花设备的条件下，可以直接印制在服装上。写实图形对自然的花卉进行了艺术提炼和概括，接近于自然而优于自然。如图2.3.16所示的花卉图形，通常由花瓣和叶片组成，花瓣内侧和外侧颜色不同，外侧伴有纹路，有颜色的层次变化。

2.3.7　花卉写生

花卉写生不用在现场，使用手机方便就地取材，拍摄花卉照片，根据照片进行处理和提炼，使用数位板结合Ps可完成绘制。

写生是获取设计素材的主要途径，户外总会有一些令人耳目一新的生动形象，作为设计人员常出去走走，发现各种带感的事物，激发设计感觉，能够得到属于个人的原创素材，为设计工作积累个人素材库。

带上拍照设备，快速捕捉素材，传到电脑中，对素材略加剪裁和调整，就可以进一步设计加工了。

花卉是服装中主要的图形元素，从传统的印染、绣花到现在的数码印花，花卉图形以各种形式装饰服装，根据工艺特点，对服装图形的要求有所不同。传统印染因成本原因对颜色要求严苛，色彩不宜过多，如丝网印，不仅要求颜色、数量，而且不宜有过多分块的过渡渐变，每一个渐变就是一道工序、一个网版，因此，丝网印多采用分色来表现明暗，很少用渐变色表现众多花瓣。

本次写生设计把数码印花作为印染工艺，可以采用层次丰富的色彩色调。

花卉设计的一般步骤为：拍摄花卉素材，导入Ps，另存文件，避免误操作丢失花卉照片。

图2.3.16　在满地花布上找到一个局部进行临摹

Ps中复制花卉图层，把复制图层透明度调低，便于观测勾线。新建图层，使用数位板（手绘板、手绘屏）在新图层上描绘花卉轮廓线。

注意拍摄照片的像素，如果过小，需要调整到正常绘制大小，这样绘制线条才会清晰（图2.3.17～图2.3.19）。

勾线以后可以关掉照片层，在线条层下新建白色图层，观察花瓣是否有没封闭的地方，补上空隙，封闭便于下面步骤的选择。同时对线条进行美化，不流畅的地方涂掉再接上。

不一定要完全按照照片勾线，自然事物有美也有缺陷，勾线时要有所选择，根据自己的审美进行取舍与合并，可以说是对图形初步的设计。

完成勾线就可以进行上色工作，上色之前，新建一个图层临时安排几个色彩层次的色块，色彩由深至浅，有明有暗，作为调色盘，上色时直接用吸管吸取。上色是一个细致工作，注意整体的明暗关系及每一个花瓣的明暗走向，体现自然效果，不宜千篇一律。本次上色使用Ps渐变拉出每一个花瓣的色彩，

拍照

导入电脑—复制图层—新建图层

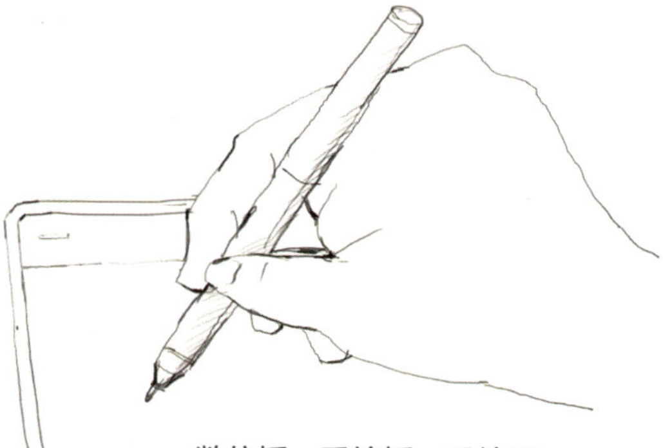

数位板：手绘板、手绘屏

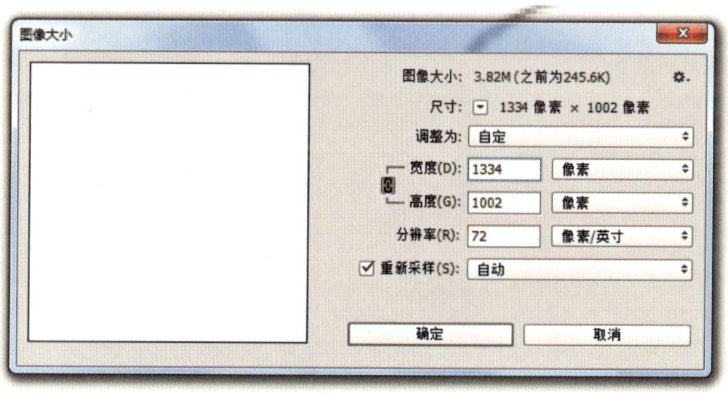

设置图像大小

图2.3.17　手机采集素材、准备制图

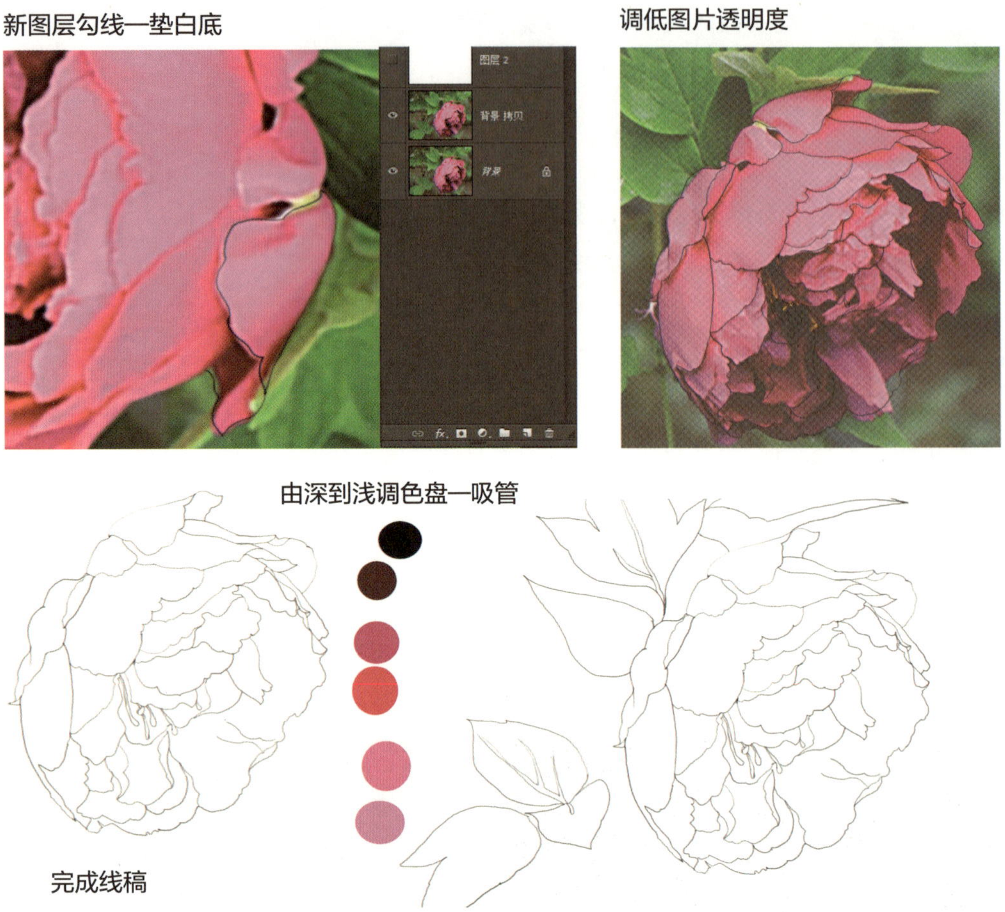

图2.3.18 数位板描摹勾线并设置深、中、浅颜色

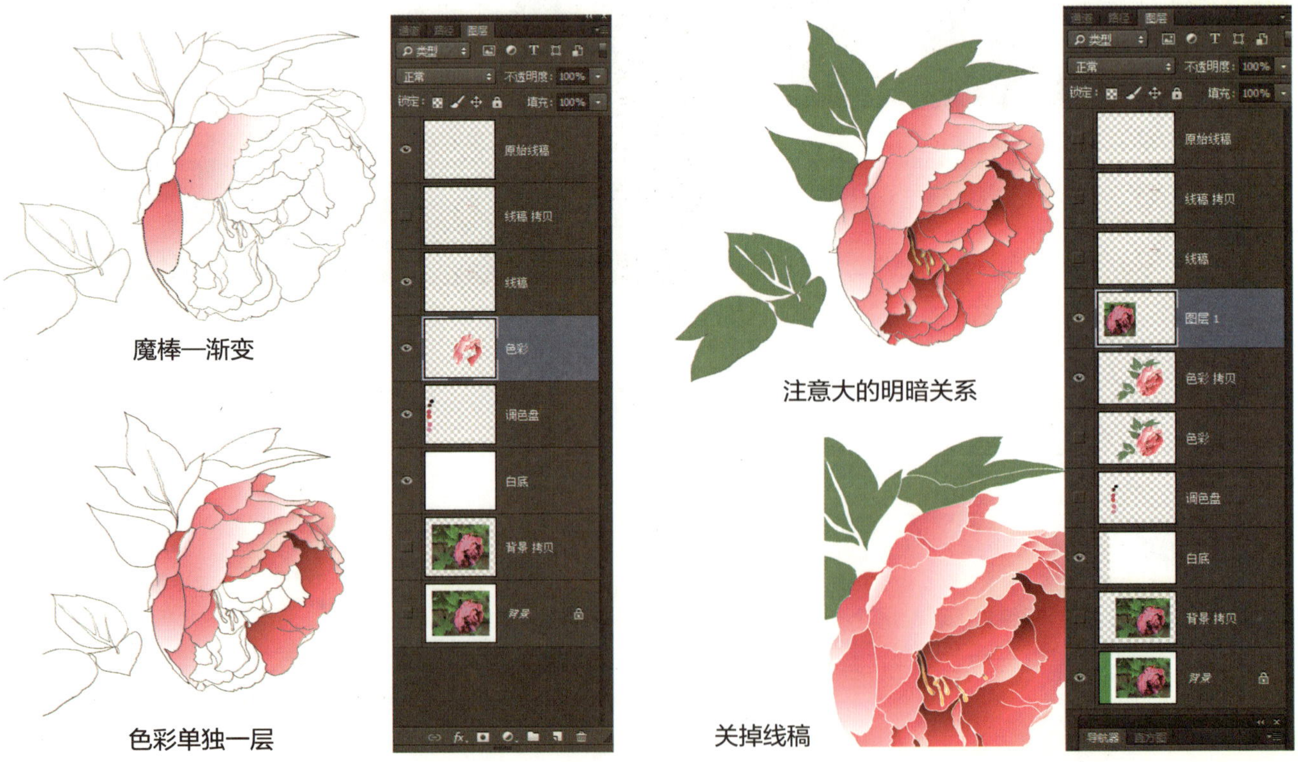

图2.3.19 通过选区填充渐变色

上色以后可以减弱或关掉线稿层，也可以把线稿变成其他颜色。

绘制完成后图形保存成psd格式文件，便于以后修改；另存一个jpg格式文件，可以作为素材使用。

2.3.8　复杂图形设计

要求使用简单图形组合成一个复杂图形，并应用到服装上，如图2.3.20所示，jig格式，A4大小。

2.3.9　借鉴传统文化

要求借鉴传统工笔画，使用数位板设计一个服装图形，并应用到服装上，如图2.3.21所示，jig格式，A4大小。

图2.3.20　田园风格的复杂图形

传统工笔画

服装图形

图2.3.21　借鉴传统工笔花鸟设计服装图形

2.4 综合实训四 IP形象设计

实训内容：使用数位板、绘图软件设计IP形象图形。
实训目的：掌握IP形象的设计方法。
实训要点：IP形象策划与关键词的视觉化。
实训步骤：项目策划—确定关键词—情绪板—要素视觉化—设计要素—IP形象性格—IP形象造型设计—IP形象三视图—样机应用。
注意事项：IP形象应用，要结合商品本身风格和特征。

2.4.1 IP形象

IP是Intellectual Property（知识产权）的缩写，通常指一个广为人知的专属形象。例如，迪士尼的唐老鸭、米老鼠系列，熊本熊、哆啦A梦等。它们具有非常高的辨识度和认知度，出现在各类物品或商品上，被广泛使用。

IP形象一般要经过一段时间的市场认同过程，得到人们的认可，才能够激活它，否则就会默默无闻，产生不了价值。IP设计可以依据一个故事和历史，也可以凭空创造，表现形式丰富，多采用人们喜闻乐见的形式（图2.4.1）。

图2.4.1 系列IP设计，不断推陈出新

2.4.2 IP形象设计

IP形象相对于品牌logo，使用了拟人的角色，显得更加亲切，更容易被人们接受和认可，是“可爱文化”和“御宅文化”的体现，使“萌”成了一种符号消费，具有纯真可爱、轻松愉悦、亲切和谐等审美特征。

这种“萌”文化中，主要的形象来自人类的幼年期，幼儿往往代表着可爱，大多数IP形象的设计都符合幼儿的体态特征。例如头大、腿短、眼大（比例）、圆头和小小的下巴、大额头、眼睛之间有更宽的空间、大耳朵和小鼻子、巨型头、梨形体或豆形体等。一些动物体态就因类似于人类幼儿，获得人们的普遍喜爱（图2.4.2）。

IP形象除了外观可爱，还需要有一定的性格特点，这样这个形象才会活灵活现，真实而可爱。

图2.4.2 根据人类幼儿特征设计的米老鼠形象

2.4.3 IP形象设计流程

为了更加规范合理地设计IP形象，使设计能够更具内涵，并且便于使用，需要根据视觉识别系统的流程进行IP形象设计。主要流程为：

项目策划—确定关键词—情绪板—要素视觉化—设计要素—IP形象性格—IP形象造型—IP形象三视图—样机应用。

（1）项目策划。确定IP形象的行业属性、目标受众、用户画像，即为什么设计？为谁设计？怎样设计？如图2.4.3所示。

（2）确定关键词。关键词能够更好地概括项目的内涵，为整个设计活动确立目标，也能让后续的设计活动围绕一个中心开展，不至于跑偏。可以进行头脑风暴，根据项目名称展开联想，把所有的相关词汇都罗列出来，再在这些词汇当中选择最能够代表本次项目的词汇，注意关键词一般选择4个左右，照顾几

图2.4.3 项目策划

个方面，又不能失去中心（图2.4.4、图2.4.5）。

（3）情绪板。情绪板是视觉类设计的参考图，人们的视觉感觉具有关联性，看到辣椒图片会觉得辣，看到阳光的沙滩会感到温暖，根据关键词找到相近感觉的图片，为进一步设计在造型、色彩、氛围等方面确立一个参考标准（图2.4.6）。

（4）要素视觉化。结合关键词和情绪板，对关键词进行视觉化要素设计，找到最具代表性的形式和色彩，采用人们普遍认可的形象（图2.4.7）。

（5）要素设计。对项目的视觉基本要素进行设计，包括logo、文字、辅助造型等，要求清晰明确（图2.4.8、图2.4.9）。

（6）IP形象性格。IP形象的人设，让角色更具个性，并且更生动。包括名字、性别、特征、性格、爱好等（图2.4.10）。

（7）IP形象造型设计。根据情绪板、参考素材，结合用户喜好、IP性格，设计IP形象的外形和颜色。包括五官、身体、四肢，注意突出有特色的记忆点，作为视觉锤（图2.4.11）。

（8）IP形象三视图。三视图是多角度表现IP形象的标准，使以后的拓展设计有依据。包括：正面、侧面、背面等（图2.4.12）。

（9）样机设计。样机是指IP形象实际应用过程的物品，主要表现IP形象的实际应用状况（图2.4.13）。

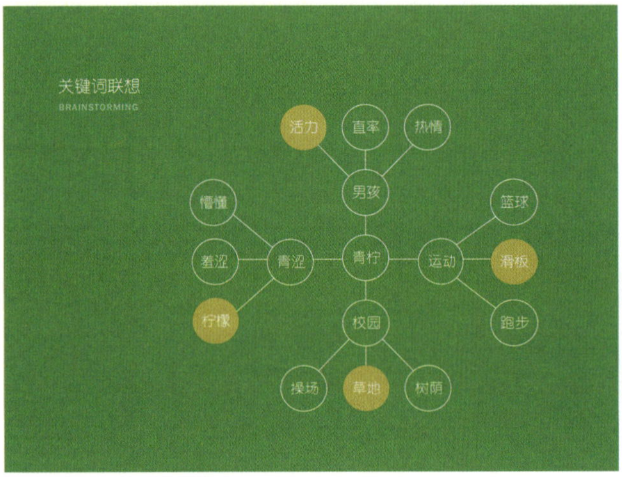

图2.4.4 关键词联想

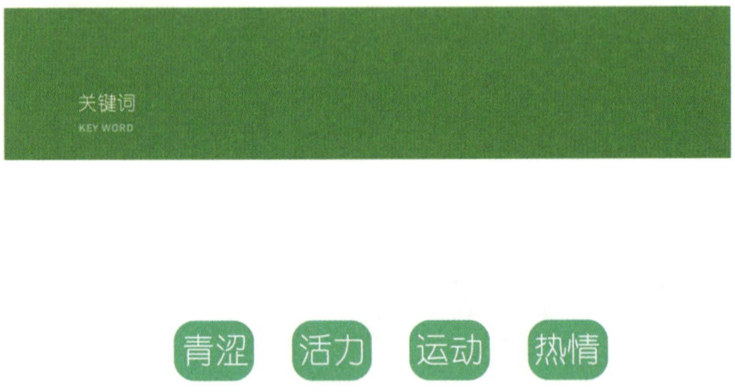

图2.4.5 确定关键词

图2.4.6 根据关键词制作情绪板

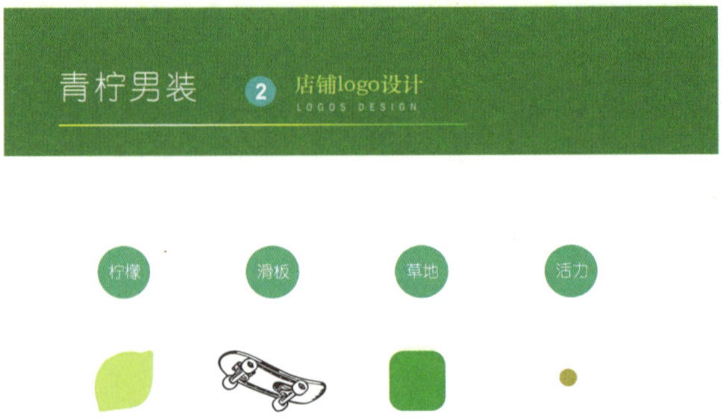

图2.4.7 关键词视觉形象化

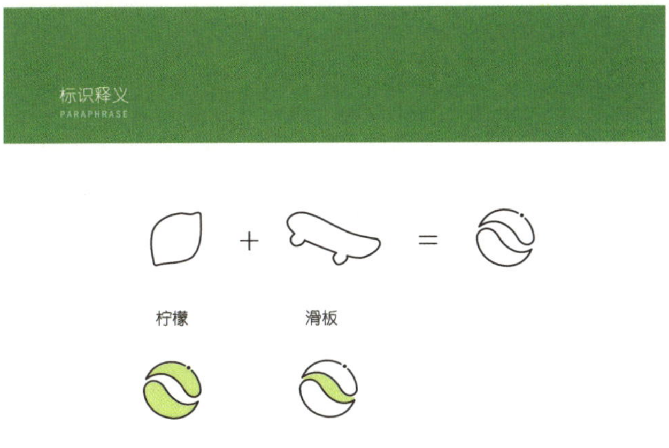

图2.4.8　设计主要元素

图2.4.9　logo设计

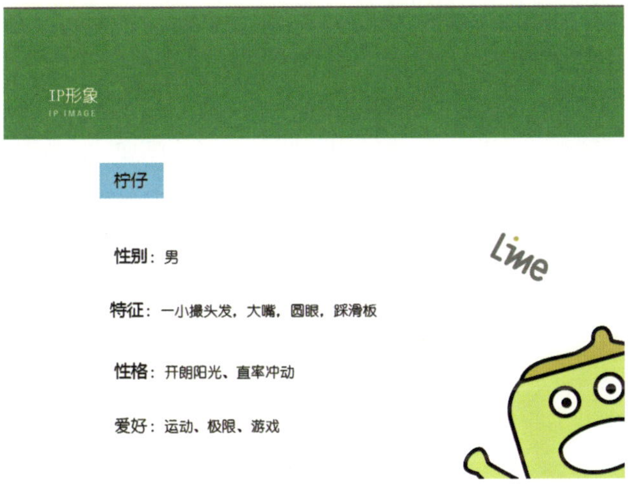

图2.4.10　描述IP形象性格特征

图2.4.11　根据相关风格素材设计具体形象

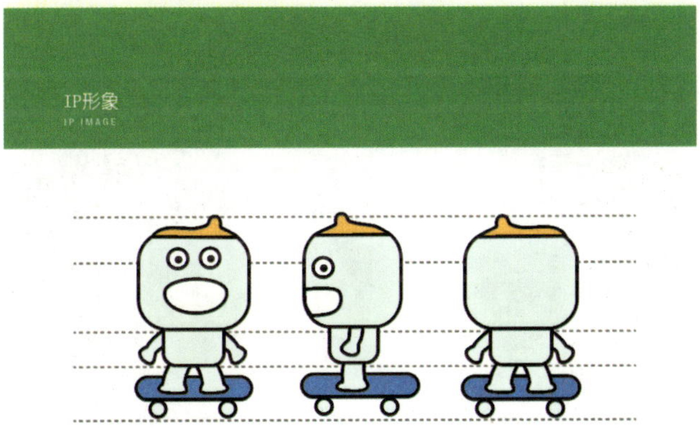

图2.4.12　IP形象三视图

图2.4.13　IP形象样机应用

【实训练习】

实训练习：IP形象设计与应用

要求完成一个IP形象设计，设计两个动作，并应用在服装样机上，jpg格式，A4大小（图2.4.14）。

图2.4.14　IP形象设计与应用

2.4.4　传统文化IP形象设计

根据中国传统年画，设计一个IP形象，包括：IP人设、IP造型、三视图，jpg格式，A4大小（图2.4.15）。

图2.4.15　中国传统木板门神年画

【优秀传统文化】

中国少儿IP形象——哪吒

哪吒是深受我国人民喜爱的著名IP形象，定型于《闹海屠龙》的传说，以及《降魔伏妖再成仙入圣》等故事内容。哪吒出生奇异，一身神器，能变化三头六臂又或三头八臂；是百邪不侵、免疫病毒瘟疫、专克摄魂夺魄的莲花化身。

哪吒在中国各地世代相传、家喻户晓；常以娃娃或者少年儿童的模样登场，终成神话史上独特无双、神通广大的天庭童神。现代众多动漫、真人剧都将哪吒设定为主角，加以儿童化的少年英雄方式传扬，深受孩子们的欢迎和喜爱。

由张仃创作的大型壁画《哪吒闹海》，生动表现了中国古代神话神奇的想象世界，将天宫、龙宫、仙山等不同空间，完美地组合成一个整体画面，具有强烈的艺术感染力。作品完全从传统形式而来，但又极具现代装饰意味（图2.4.16）。

图2.4.16《哪吒闹海》（张仃）

2.5 综合实训五　文创图形设计

实训内容：使用数位板、绘图软件设计文创图形。

实训目的：掌握文创类图形的设计方法。

实训要点：文创设计需要把握住文化内涵，体现文化自信。重点是文化的传承。

实训步骤：项目策划—搜集素材—设计草图—确定颜色—绘制轮廓—绘制线条—其他要素设计—样机应用。

注意事项：明确主题与辅助素材的关系，要突出主题。

2.5.1 文创

文创即文化创意，对文化资源进行创造与提升，形成被消费者接受的商品。

是审美、功能、内涵的结合，为人的精神层面服务。

文创的主要内容包括历史、文化、人文和艺术等，根据传统的文化艺术、现代的影视文艺作品，以及创作出来的艺术形象，与商品相结合，创作出消费者喜闻乐见的新商品。例如，小说《哈利·波特》很受欢迎，拥有大量读者，商家开发周边文创产品，把小说、电影中的元素应用在商品上进行文艺内容和形式的传播（图2.5.1）。

图2.5.1 《哈利·波特》周边文创产品

文创产品的主要类型有文化旅游纪念品、办公家居日用品、摆设工艺品、模玩等，绝大多数是以“视觉”作为沟通和表现的方式，通过多种方式来创造，结合符号、图片和文字的视觉平面设计也属于文创。服装服饰类的文创产品主要有印花图形设计、刺绣、饰品、布偶、布艺等。

2.5.2 文创设计思路

（1）依靠“大树”。所谓“大树底下好乘凉”，文创设计比较简单易行的方法就是依靠一个优质的IP，从中获取素材，再与商品相结合。优质的IP已经被消费者所熟知，并且得到了绝大多数人的认可和喜爱，直接使用事半功倍，有如源头活水，花较少的力气，效果显著。

例如，被誉为世界十大古墓稀世珍宝之一的秦始皇兵马俑，被中华人民共和国国务院公布为第一批全国重点文物保护单位。被誉为“世界第八大奇迹”，吸引着世界各地的人们前来观赏，秦始皇兵马俑本身就带有广泛的影响力，直接用它的元素设计的文创产品，容易被到当地旅游的消费者接受（图2.5.2）。

文化再玄奥，在文创中也只是用视觉的形式表现，能够吸引消费者的也是视觉形式，视觉设计最好直截了当，拿来就用，用优质IP中最有特点的那部分。不要左思右想，绕太多弯子，让消费者不知所云，烧脑猜测你要表达什么。

（2）形式借鉴。直接使用优秀素材，除了考虑知识产权保护的因素，还要注意形式感，人类艺术宝库中有非常多的艺术形式，尤其是现代艺术的表现形式很适合表达平面类的设计，可以借鉴和参考，应用到文创设计中（图2.5.3）。

图2.5.2 直接使用优秀历史素材设计的背包

玛丽莲·梦露双联画

图2.5.3 借鉴波普艺术形式表现传统题材

（3）多元素有机结合。确定一个设计主题，根据设计主题搜集相关素材，图片、图形、字体、画风等，在一个画面中结合起来，形成一个新的作品（图2.5.4）。

（4）建立情感联系。发掘创造有共鸣感、有认同感的价值内核，通过多元的文创产品，与人产生情感连接，让文创产品看上去有趣，给人带来愉悦感。卡通漫画等形式多具有趣味性，是文创常用的表现方式。例如，西安旅游的文创包，就是采用了卡通漫画的形式，把西安特色——罗列，打破了空间局限，就像是一个图画的文字，一看就知道内容是什么（图2.5.5）。

图2.5.4　根据港风素材，结合字体、形式和色彩设计的旅游图形

图2.5.5　卡通漫画形式的设计，惹人喜爱，增加了趣味性

2.5.3 文创图形设计流程

进行文创图形设计的一般流程为：

项目策划—搜集素材—设计草图—确定颜色—绘制轮廓—绘制线条—其他要素设计—样机应用。

（1）项目策划。确定项目，确定一个主题，根据目标人群确定采取什么样的风格，采取什么样的表现形式，明确主题与辅助素材的关系，要突出主题。

（2）素材搜集。根据主题搜集相关素材，了解素材的渊源、故事、寓意、特征、形态、用途等内容，搜集视觉素材，包括形态、色彩、文字、符号等（图2.5.6）。

（3）设计草图。建立图层，使用画笔工具，使用数位板绘制设计草图，主要表现造型、位置、大小等。要不断改动和调整（图2.5.7）。

（4）确定颜色。根据素材，结合色彩构成原理，确定基本颜色，要求有一定的色彩对比，色彩系列能够表现出一定的氛围（图2.5.8）。

图2.5.6 根据瑞兽主题搜集相关视觉素材

图2.5.7 根据麒麟的造型设计草图

图2.5.8 确定五种颜色，并放到色板中备用

（5）绘制轮廓。建立一个图层，绘制各个造型的轮廓，先不要急着画细节，安排好轮廓的前后次序，先画轮廓，便于颜色调整和修改（图2.5.9）。

（6）绘制线条。再建一个图层，绘制细节线条，注意线条的流畅性，线条之间的衔接。边绘制边调整轮廓与线条（图2.5.10、图2.5.11）。

（7）其他要素设计。绘制一些辅助的图形元素，要注意这些图形与主题的调性一致（图2.5.12）。

（8）样机应用。把图形应用到服装样机上，要考虑服装的颜色与款式，根据不同颜色的服装，调整图形的色彩搭配（图2.5.13～图2.5.15）。

图2.5.9　绘制各个部位的外轮廓

图2.5.10　关闭轮廓颜色图层，便于在绘制线条时观察

图2.5.11　边绘制边调整轮廓与线条

图2.5.12　加入祥云图形，突出麒麟形象

图2.5.13　根据底色调整色彩搭配

图2.5.14　根据服装形式，加入文字和背景

图2.5.15　调整大小放置在服装合适的位置上

2.5.4 祥瑞盛世文创设计

要求根据中华传统瑞兽，完成一个文创服装设计作品，并应用在服装样机上，jpg格式，A4大小（图2.5.16）。

2.5.5 传统文化文创图形设计

要求根据我国传统文化，完成一个文创服装设计作品，并应用在服装样机上，要求两件不同颜色的服装，jpg格式，A4大小（图2.5.17、图2.5.18）。

图2.5.16 瑞兽麒麟文创设计

图2.5.17 传统文化图案仙鹤为主要元素的文创设计

图2.5.18 文创图形与不同颜色服装的搭配

【优秀传统文化】

展示了中华民族的文化自信的敦煌文化

敦煌莫高窟，俗称千佛洞，坐落在河西走廊西端。始建于前秦宣昭帝苻坚时期，后经北朝、隋朝、唐朝、五代十国、西夏、元朝等历代兴建，形成巨大的规模，有洞窟735个、壁画4.5万平方米、泥质彩塑2415尊，莫高窟与河南洛阳龙门石窟、山西大同云冈石窟、甘肃天水麦积山石窟并称中国四大石窟。1961年，莫高窟被中华人民共和国国务院公布为第一批全国重点文物保护单位之一。1987年，莫高窟被列为世界文化遗产。

敦煌莫高窟石窟壁画富丽多彩，各种各样的佛经故事，山川景物，亭台楼阁等建筑画、山水画、花卉图案、飞天佛像以及当时劳动人民进行生产的场面等，是十六国至清代1500多年的民俗风貌和历史变迁的艺术再现，雄伟瑰丽。在大量的壁画艺术中还可以发现，古代艺术家们在民族化的基础上，吸取了伊朗、印度、希腊等国的古代艺术之长，是中华民族发达文明的象征。各朝代的壁画表现出不同的绘画风格，反映出中国古代的政治、经济和文化状况，是中国古代美术史的光辉篇章，为中国古代史研究提供了珍贵的形象史料（图2.5.19、图2.5.20）。

图2.5.19　敦煌壁画艺术形象

图2.5.20　根据敦煌飞天形象设计的文创服装

第三章

服装款式图设计与绘制

PPT 课件

章节要点

单元概述：款式图具体展示了服装的形态外观、细节构造，是服装设计的重要一环，本章节通过绘制服装款式图，了解数位板与绘图软件的基本操作方法，由写生开始逐步完成服装款式图的设计创作。

单元重点：服装款式图绘制要求。

单元难点：了解服装结构。

单元思政：传统绘画线条表现，文化自信。

使用软件/工具：Ps/Ai/数位板。

单元总学时：8学时（理论2学时、演示2学时、实训4学时）。

3.1 服装款式图设计

服装款式图设计

3.1.1 服装款式图的作用

在实际工作中，设计文件是企业与客户间进行设计交流与签订合同协议的重要依据，为了确定设计与生产，设计文件是前期相互讨论、不断修改的依据，一旦确定下来，就会成为彼此是否按照承诺完成工作的主要证据，因此，设计文件需要严谨和真实。另一方面，如同建筑招标的效果图一样，服装订制也需要美观的效果图来吸引客户兴趣，以实现合作。正式设计类文件包括：效果图、款式图和设计说明。

款式图表现服装的外观样式，是产品生产之前的图纸，在细节、材料、配色和比例上与实际产品相同。

（1）招标类文件。服装企业商业经营运作中，相互交流和商贸沟通时，除了必要的法律文件和合同等文字说明外，还需要具体的服装样式图。有些是贸易企业聘请设计公司设计，然后交给生产企业去制作，即来样加工；有些是生产企业自己设计或聘请他人设计，与商贸公司沟通确认，得到认可后再进行生产。这类服装文件在企业间进行服装商业运作时起到了重要作用，统称为招标类文件。

虽然有企业在招标中使用制作好的服装样品，经营活动中效果图依然是主要的交流手段。由于服装经营活动的差异，招标类文件根据不同的需要，所绘制的侧重点也有所不同（图3.1.1）。

招标类款式图应具有以下特点：

①绘制精美，有表现力，能够吸引眼球。招标类文件是拿给客户看的，常会有几个厂商参与竞标的情况，给人的印象深不深，成为竞标成败的关键。画面的构图要求符合人们的审美习惯，虚实相间，摆放的服装尽可能自然生动，可以根据情况适当加一些背景，但要注意以突出服装为主，注重形式美感。

②服装设计新颖独特、整体感强。平淡过时的服装，绘制再精美也不会引起客户的兴趣，要有几个突出的设计点，如色彩、款式、图案等方面与众不同。设计的整体风格突出，主题鲜明，如浪漫风格、淑女风格、洒脱风格等。

③细节清晰、接近实物。尽可能绘制真实逼真的效果，使客户知道他将要得到产品的具体样式，不宜随意夸张，有时逼真会比随意夸张更加能使人印象深刻。因此，需要改掉学习时装画时形成的表现方式，重视实际服装的大小比例和服装细节表现。

④适当的文字说明。对于服装上需要强调的重点和特点，可适当引入简洁的文字加以说明，进一步加强客户对服装的了解。

招标类款式图，根据具体情况选择绘制人物形象，由于客户目标人群类型多样，绘制人物有时会左右客户对人群的选择，因而，多以服装来展现，突出

图3.1.1 接近实物的招标类款式图

了服装本身的特点，也给予客户较大的选择余地。

（2）服装搭配款式图。服装销售中的系列化搭配能够满足消费者整体装扮的需要，给客户更多选择。免除了“给衣服找鞋”的麻烦。系列化搭配是商贸公司分别向不同企业组织货源，最终组合在一起的一种经营方式。系列搭配形式多样，不仅有系列服装，还有针对个体的上下装搭配、可更换的套装搭配、内外衣搭配和服饰搭配。

内外衣搭配是多层服装之间的配合，组成一个整体的穿着效果，西装配合衬衫就是内外衣搭配穿着的经典案例。除了主体服装搭配外，还要搭配风格相近的眼镜、帽子、鞋、丝巾和饰品（图3.1.2、图3.1.3）。

系列化服装提供了多种方案供用户选择，在一个主题风格中延展出细节上的不同特色，形成一个季节的流行主题。系列化服装往往就某一服装元素进行统一，使人一眼就能够看出这是一类产品，如在色调上对该系列进行统一，而在款式上则进行各自不同的变化设计。

3.1.2　款式图绘制要求

（1）了解服装的构造。了解服装的基本构造是服装设计的基础，服装经过长期的演变，逐渐形成了当前相对固定的样式，市场中的服装品种有基本稳定的样式，设计大多是在其基础上产生新的变化。常规样式经过生活穿用的检

图3.1.2　上下装、内外衣搭配款式图

图3.1.3　可更换套装搭配款式图

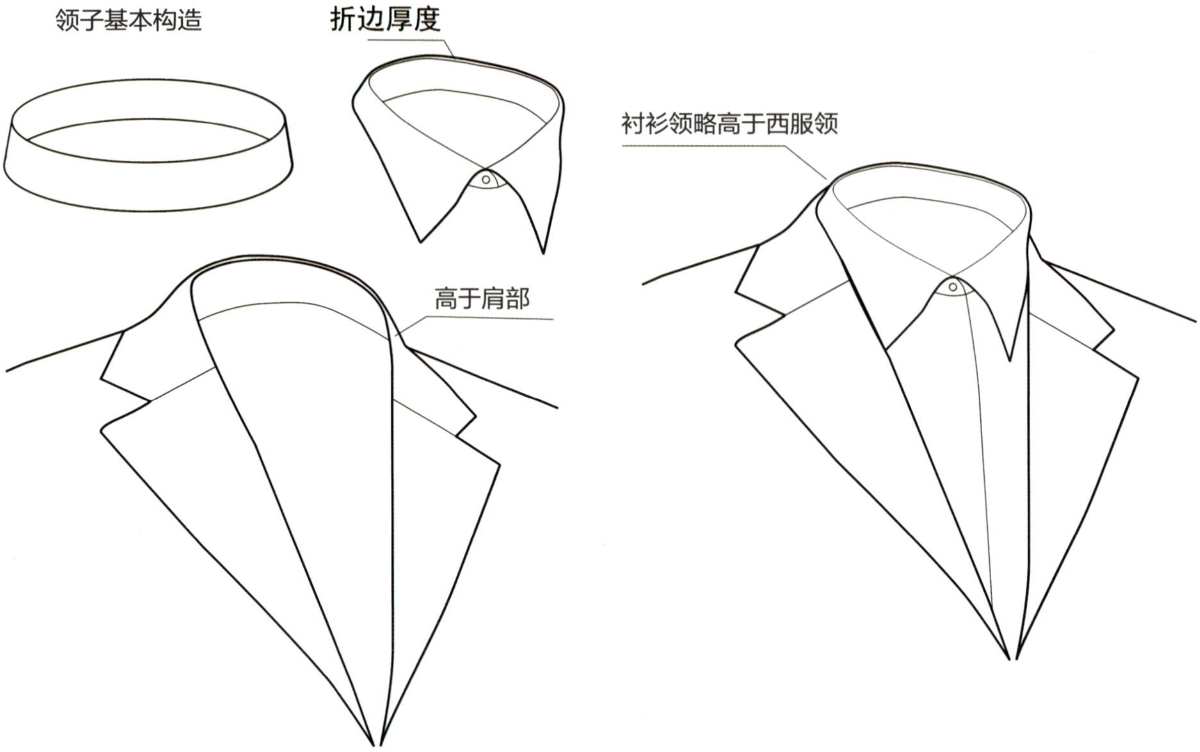

图3.1.4　了解西服领样式

验，实用性强，因而样式会保持长期基本不变，了解和熟悉常规样式，能够在保证服装实用性的基础上，设计出市场需要的新产品。

例如，服装的领子，人体颈部呈下面大，向上略收的形态，面料自然趴伏在颈部，由于面料的厚度，低领和面领之间会有一定的折边厚度，薄型面料厚度可以忽略不计；领子由肩部的领底开始向上，外套类服装为了体现挺括效果，采用较厚的材料，与皮肤的触感不佳，而内部的服装选用细腻柔软的材料，触感较为理想，一般情况下穿在内部的服装的领子要高于外部，减少外部服装与皮肤的接触，增强穿着舒适性（图3.1.4）。

服装的袖子形态关系到整件服装的平衡和对称，尤其是和衣身部分连接处的设计，不仅关系到上肢能否活动自如，同时直接影响服装的美观度。袖子的设计要了解上肢体态与袖型的关系，考虑上肢活动的特点、袖身的宽度，了解袖型的不同造型特点和结构。此外，从袖子的外观轮廓来看，还有喇叭袖、火腿袖、蓬蓬袖等，袖子的设计更多是作为衣身造型的补充，由于手臂运动频繁，动态时产生的效果是设计时要考虑的内容之一（图3.1.5）。

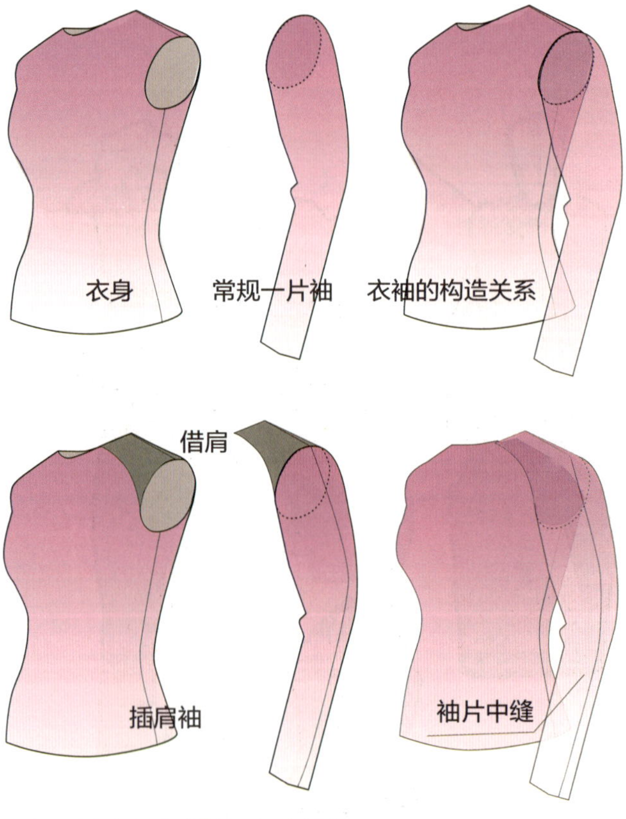

图3.1.5　基本袖型与插肩袖构造

了解服装的构造是画好款式图的基础，因此要认真观察服装，观察人体穿衣规律，了解服装结构的知识。

（2）了解服装与人体的关系。人体是服装的基础，服装依附在人体上。但大多数服装并不完全紧贴人体，款式造型不同，服装与人体之间有一定的空间，因此，要了解哪些地方是固定穿着服装的，例如肩部、腰部；哪些地方与人体的关系不大，例如裙摆。

款式图要符合人体比例，同时符合实际产品比例。在绘制时可以使用人台或真实的人体图片，以保证绘制的服装不会因夸张变形，而失去准确性（图3.1.6）。

3.1.3 款式图设计方法

（1）参考实际人体（人台）。服装的款式变化很多与人体有关。宽松或紧身、A型或H型、长款或短款，设计很多时候就是在调整这些细微之处，特别是面向市场的服装设计，很少有特别夸张的形式，因而，只有基于标准的人体模型，才能够设计并绘制出实用的服装款式。

虽然款式图不需要画人，但是绘制出的款式需要符合人体，不能因为没有人就随意去画，这样画出的款式会失去其准确性，进而失去款式图的实际作用。

给不同的人设计服装要参考该人群的体型特征，例如，儿童身材矮胖，服装款式也没有腰身，显得短胖。

使用Ai描绘出准确的人体模型。在人体模型上参考服装辅助线（胸围、腰围和臀围等），按照服装实际穿着位置和方式绘制服装，注意人体支撑服装的部位和服装面料的下垂度（图3.1.7～图3.1.9）。

（2）根据已有款式设计。软件的优势是复制和存储方便，建立款式图素材库，把画过的款式分类存好，需要的时候，把相似的款式复制出来，在其基础上进

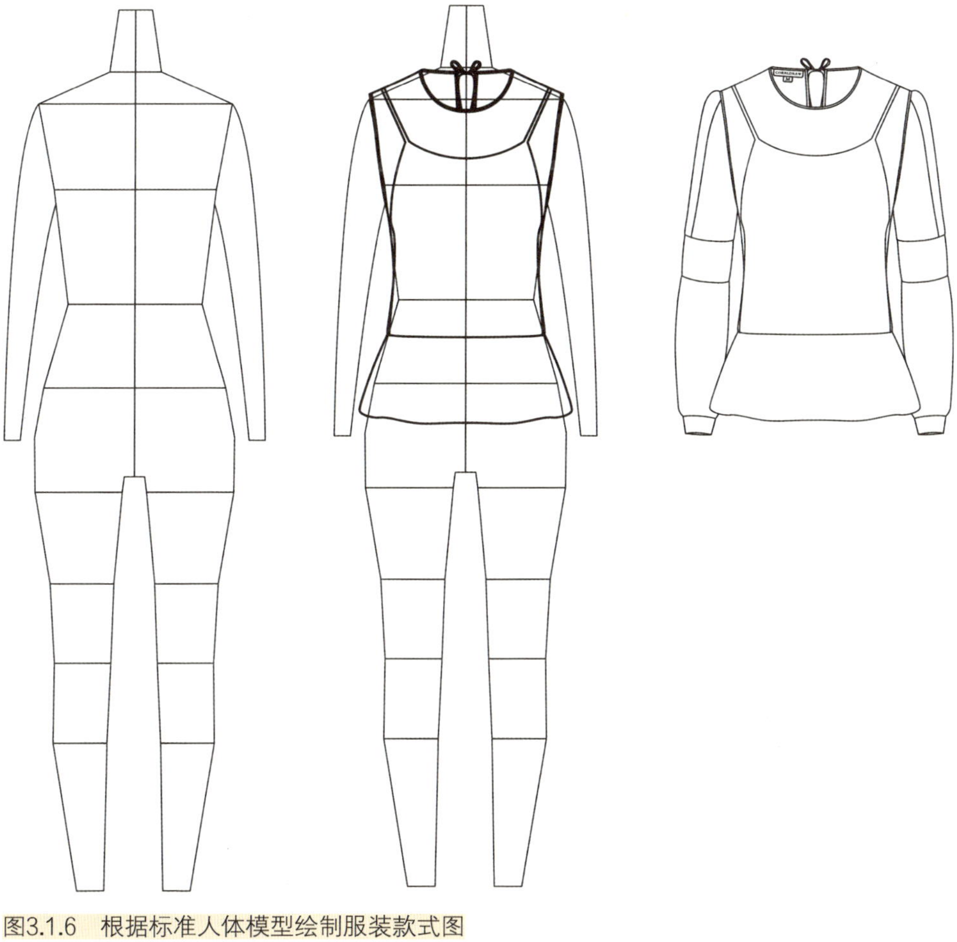

图3.1.6 根据标准人体模型绘制服装款式图

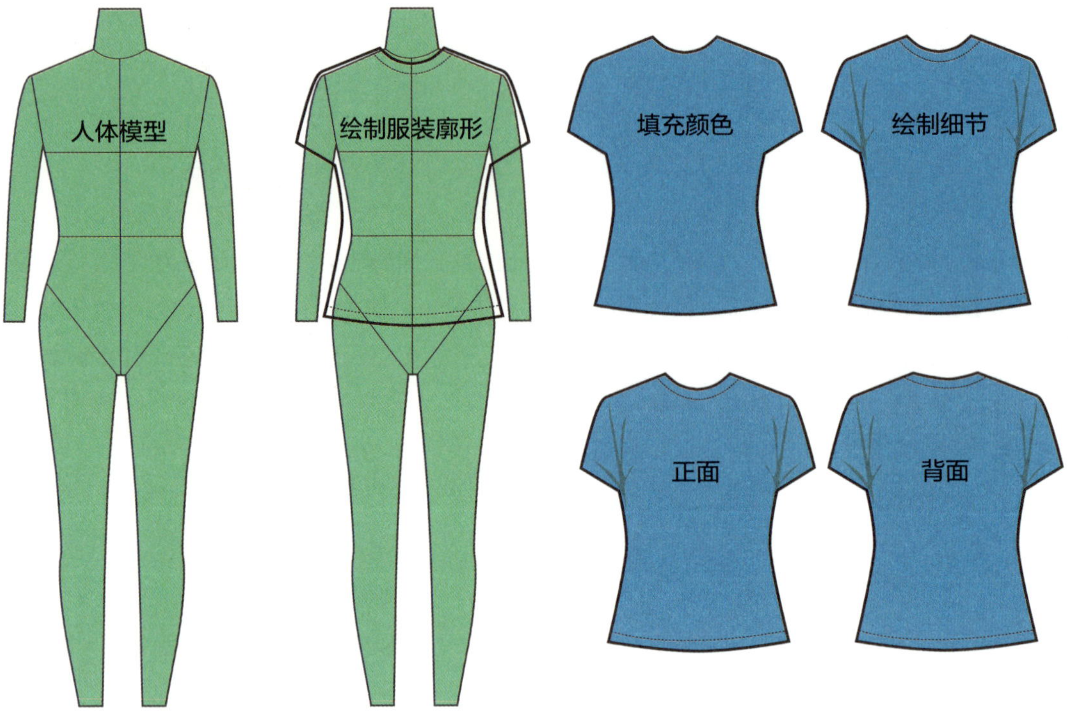

图3.1.7　根据人台进行款式图设计

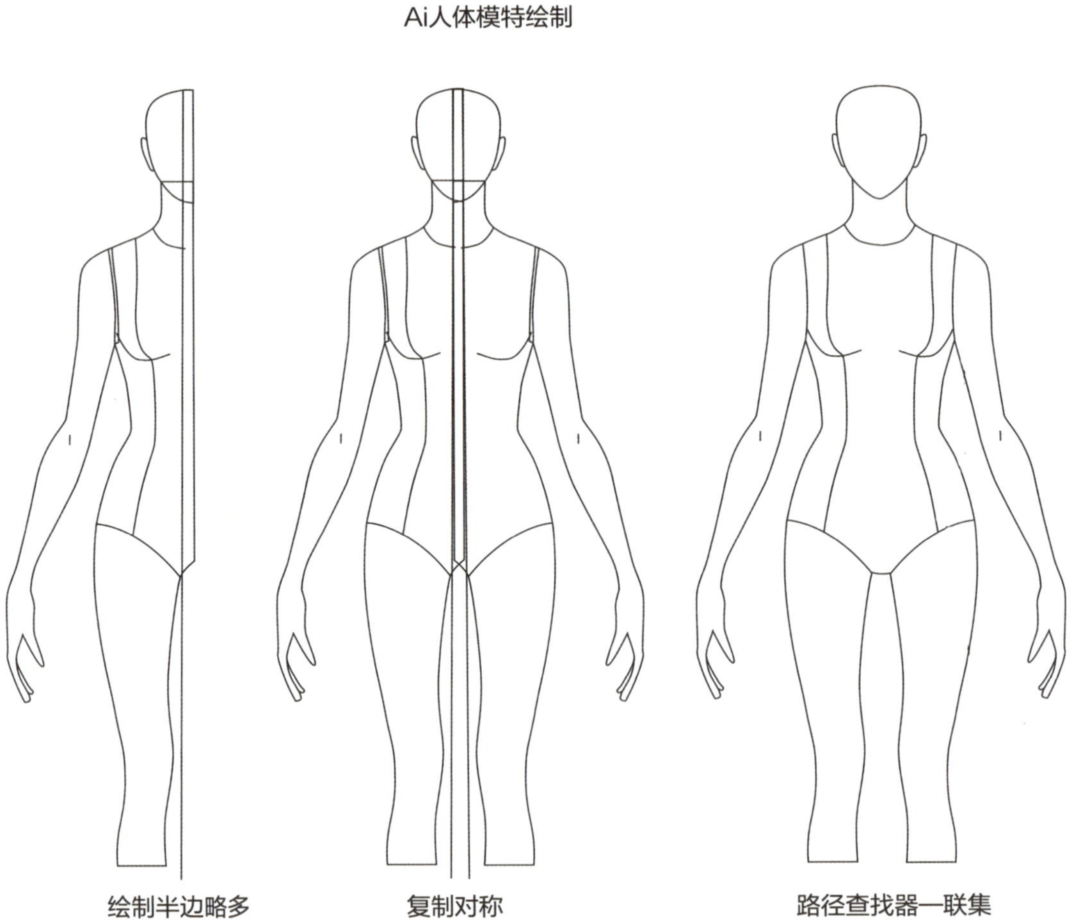

图3.1.8　绘制不同形态的人体，表现形式比人台更生动

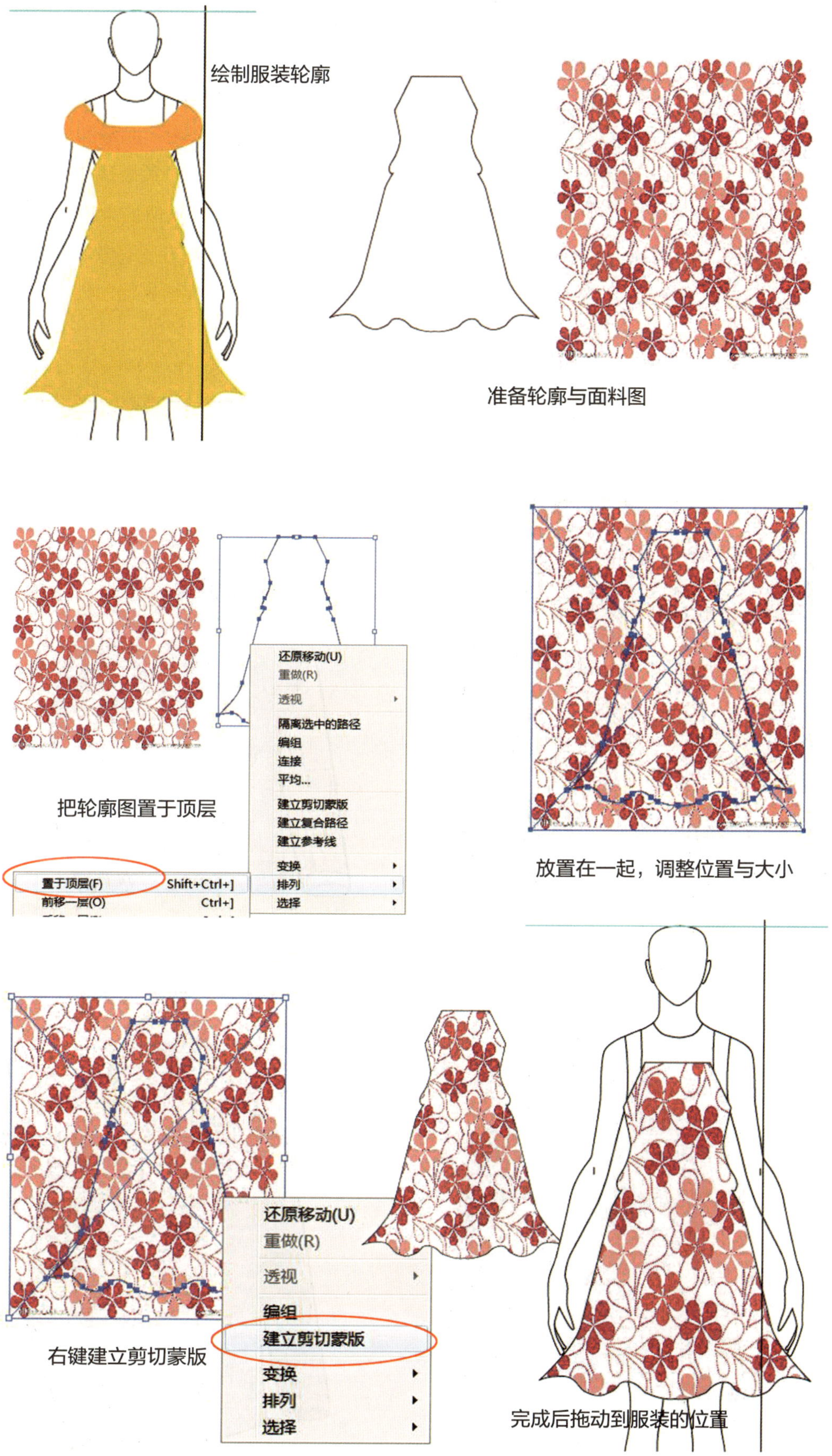

图3.1.9　根据人体，进行款式与图形设计

行改动设计，多用于外形变化不大，细节变化较多的服装品种。如图3.1.10所示，Ai设色与Ps不同，Ai是先画出色块，可以通过分层管理色块，再绘制线条等细节。

（3）服装系列组合。服饰企业的产品组合常包括服装（男装、女装、童装等）、佩饰（鞋帽、袜子、包等）等系列。服饰产品组合由产品线和产品项目构成。产品线是同一产品类中密切相关的产品，这种密切相关表现在它们以类似的方式发挥功能，或销售给类似的消费群体，或通过类似的渠道销售出去，或以类似的价格销售出去。产品项目指的是同一品牌或产品线内的明确的单位，服装企业的产品项目可以按照尺寸、价格、款式、规格等加以划分。

图3.1.10 参考实际款式，绘制以后改变颜色

服装组合通过穿着效果展示，什么人合适穿这套服装、怎么穿和搭配关系。如同系列设计一样，考虑相互搭配时风格方面的统一，考虑各种搭配组合情况下的整体协调（图3.1.11、图3.1.12）。

3.1.4　款式图综合表现

款式图除了简单勾线，为了更加生动的表现服装，还可以用色彩、色调、明暗、线条等手法进行表现，如反光、光照、调整光线等效果；衣服起伏形成的明暗关系；服装的褶皱纹理；线条的张弛等，通过模拟真实服装效果，能够使款式图更具表现力（图3.1.13）。

款式图绘制表现没有一定之规，在符合款式图要求的前提下，可以采取各种方式进行综合表现。以线条为主的线与面的结合，用线表现衣纹起伏，大面积色块表现服装颜色，小色块表现色彩层次关系，清晰并且交代明了，是款式图常用的综合表现方式（图3.1.14）。

图3.1.11　系列设计

图3.1.12　组合设计

图3.1.13　渐变填充表现裙子起伏（Ps）

图3.1.14　以线条为主的线面结合款式图（Ai）

款式图面料形式多样，风格各异，是服装重要的组成部分。面料主要有纹理、肌理、图形和质感，绘制面料要根据表现形式选择相应的软件与工具。Ps的滤镜工具内容丰富，能够很好地表现不同材质效果，是常用的服装面料表现手段（图3.3.15～图3.3.17）。

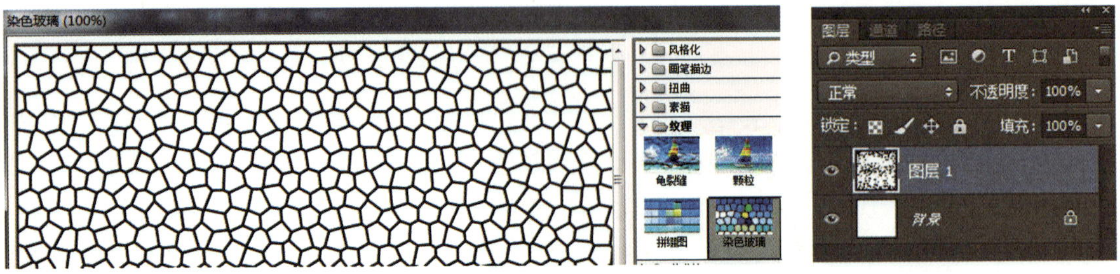

新图层—滤镜—杂色玻璃

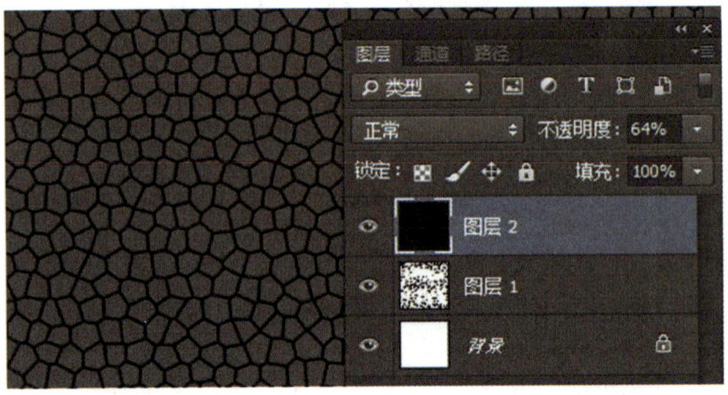

新图层—黑色—不透明度

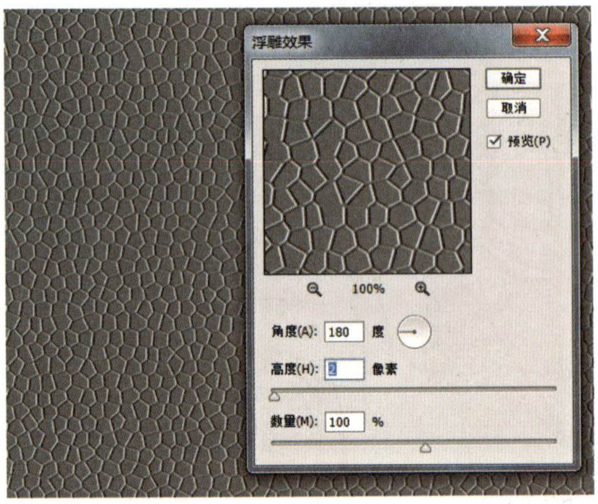

合并图层（除背景）—滤镜—浮雕效果

新图层—填色—透明度

合并图层—图像栏—调整色彩

图3.3.15　皮革面料的表现（Ps）

灰绿色

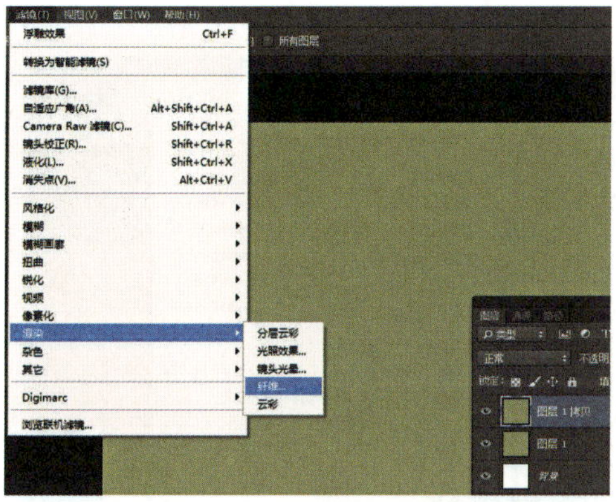

分2层灰绿—滤镜—渲染—纤维

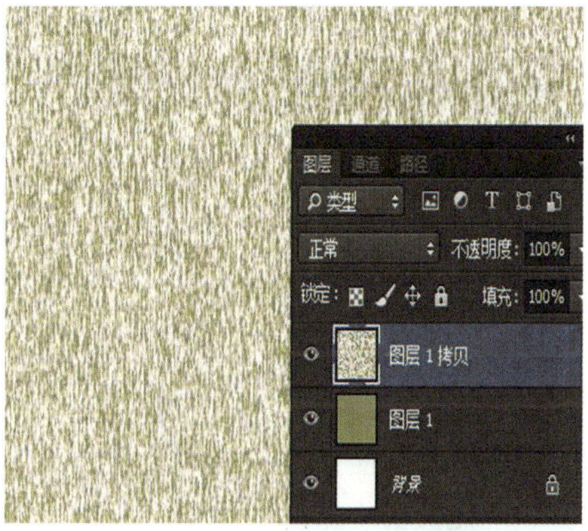

滤镜以后其中一层转90度

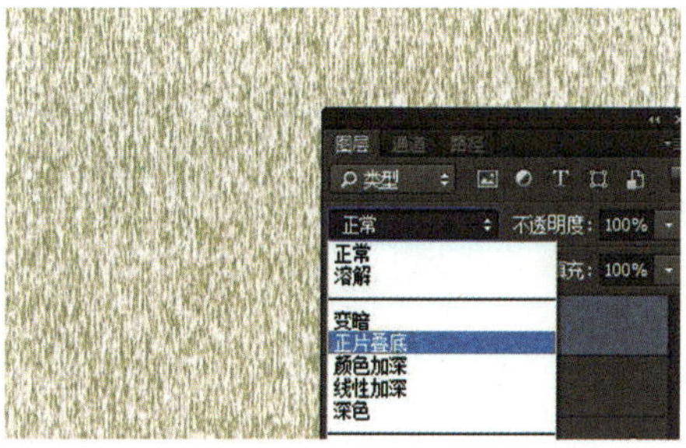

图层栏—模式—正片叠底

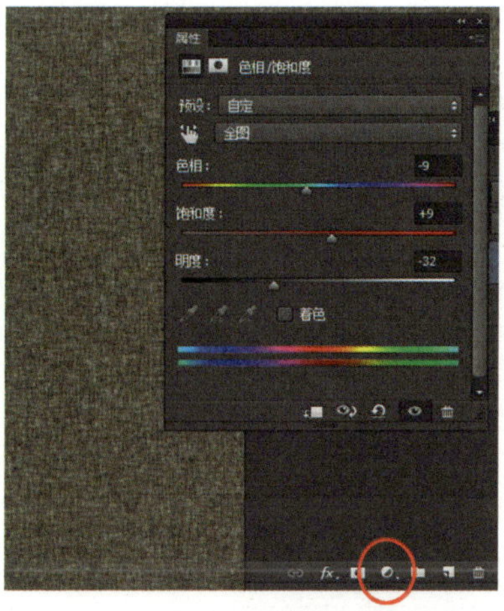

图层—属性—色彩/饱和度

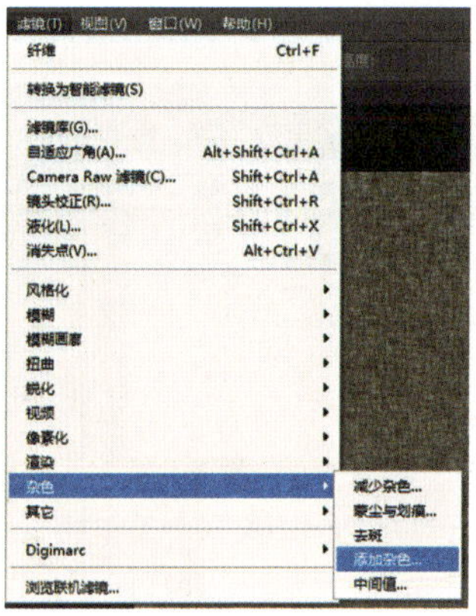

滤镜—杂色—添加杂色

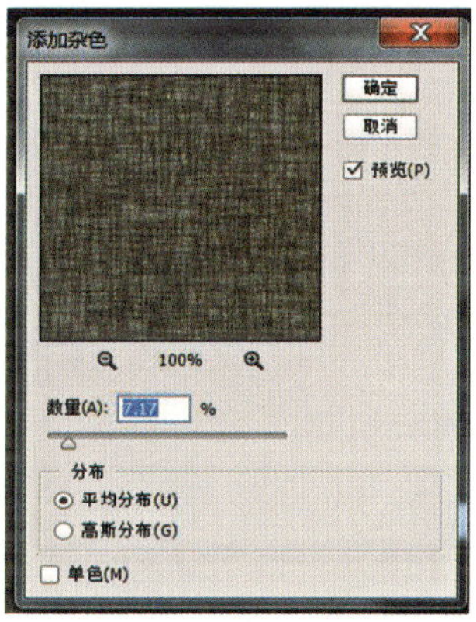

麻质面料可调成透明效果

另存为png格式

图3.3.16　麻质面料的表现（Ps）

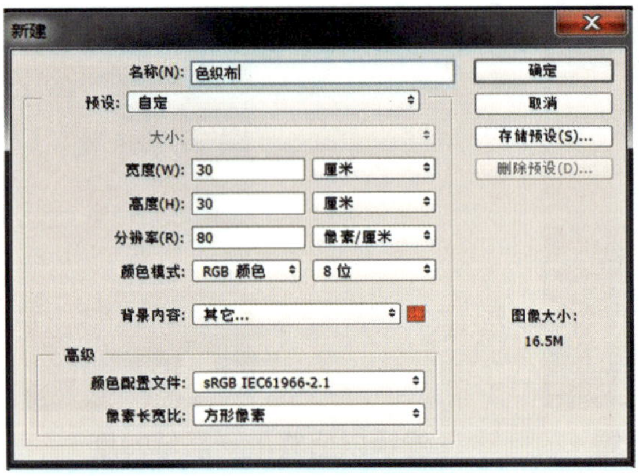

新建

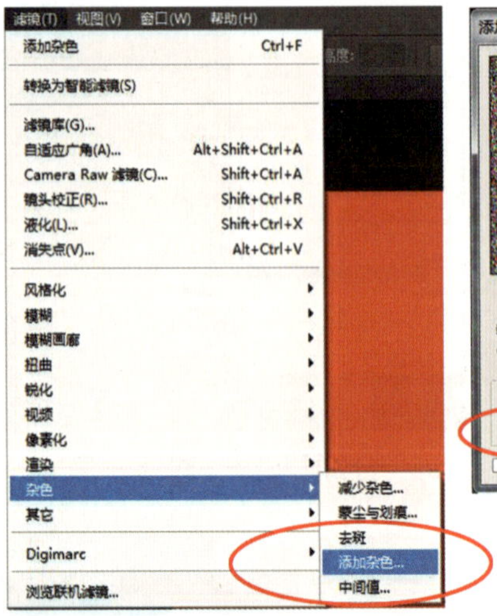

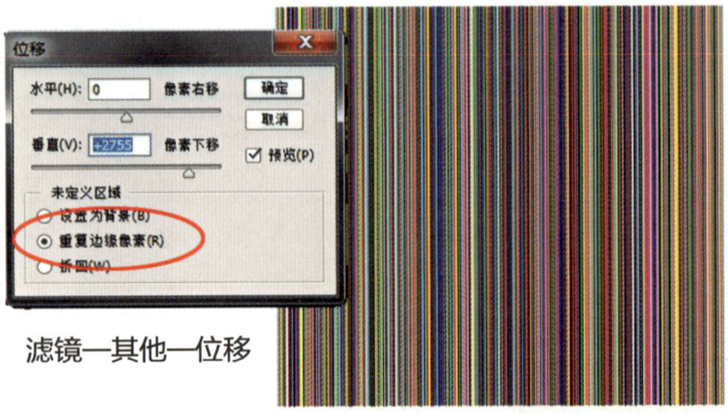

滤镜—其他—位移

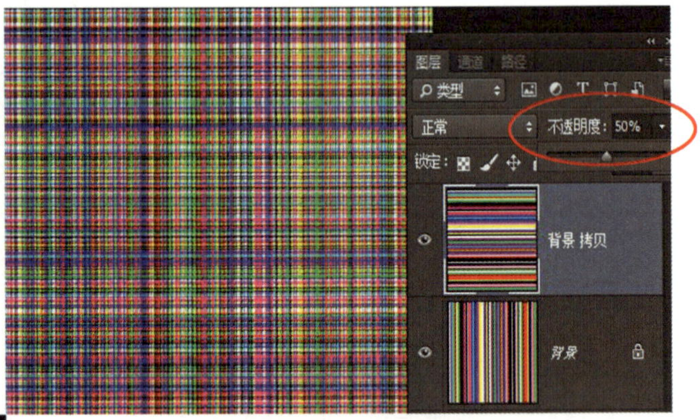

可多试几种色调

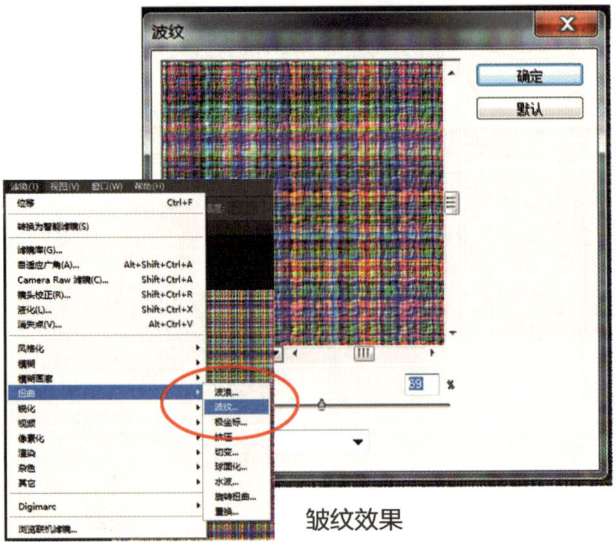

皱纹效果

图3.3.17　色织布面料的表现（Ps）

3.1.5 在人体上设计裤子

绘制人台（人体），在人体的基础上设计裤子（图3.1.18），jpg格式，A4大小。

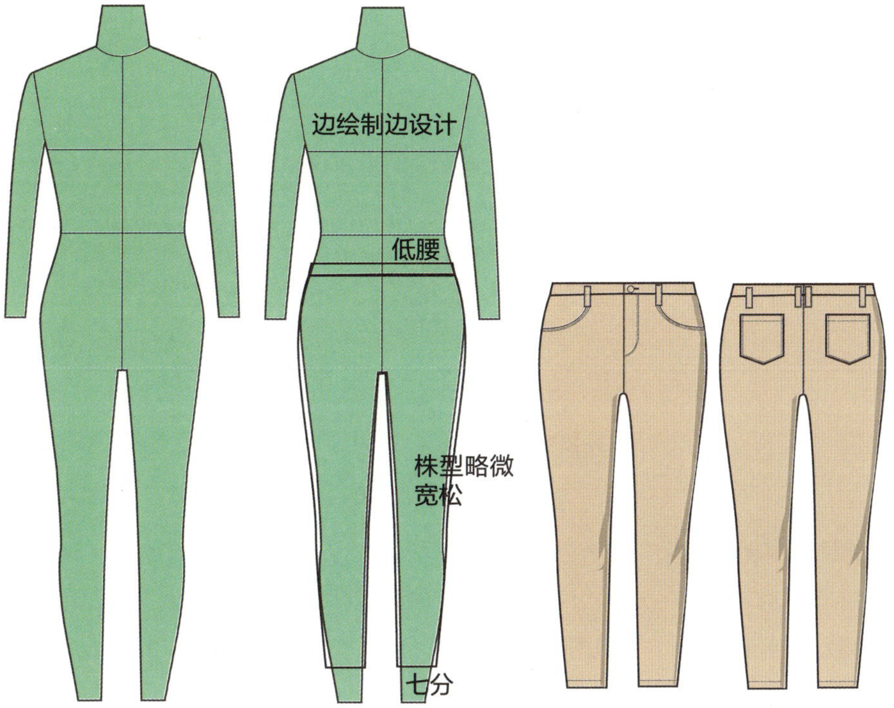

图3.1.18 在人体模型上边绘制边设计

【优秀传统文化】

吴带当风

对国画来说，线条是画家凭以抽取、概括自然形象，融入情思意境，从而创造艺术美的基本手段。国画的线条一方面是媒介；另一方面是艺术形象的主要组成部分，使思想感情和线条属性与运用双方契合，凝成了画家的艺术风格。

中国传统绘画主要是运用线条来勾勒轮廓，显示层次，完成造型的任务。如《曹衣出水》和《吴带当风》的典故。

吴带当风，是对吴道子人物画风格的概述。吴道子是盛唐杰出画家，在宗教画上成就突出。在用笔技法上，他创造了一种波折起伏、错落有致的“莼菜条”式的描法，加强了描摹对象的分量感和立体感，他突出了人体曲线和自然的结合，这种画风在后来的西方也有一定的影响。所画人物、衣袖、飘带，具有迎风起舞的动势，其傅彩于焦墨痕中，略施微染，自然超出缣素，有“吴带当风”之称。后人也以之称赞其高超的画技与飘逸的风格（图3.1.19）。

图3.3.19 吴道子《八十七神仙卷》

3.2 综合实训六　服装款式图绘制

综合实训六
服装款式图绘制

实训内容：使用数位板、绘图软件绘制款式图。
实训目的：掌握款式图的绘制方法。
实训要点：款式图的线条与光影表现，传统文化的线条表现。重点是线条的变化。
实训步骤：项目分析—搜集素材—设计草图—确定颜色—绘制轮廓—绘制内部细节—绘制颜色与影调—其他要素设计—样机应用。
注意事项：图层分布条理分明。

3.2.1　款式图绘制步骤

款式图设计根据用户要求或开发目标等具体情况，先进行设计企划工作，确定风格特征以后，搜集相关资料，进行初期设计草图绘制，再经过反复确认和修改，形成最终的设计。

（1）项目分析。

项目：中美洲国家冬季奥运会开幕式入场服设计。

项目分析：体现中美洲国家特色，冬季服装，开幕式喜庆欢乐。

设计关键词：喜庆欢乐、亚马孙热带雨林、冬季保暖、地域特色。

确定主题：快乐雨林。

（2）搜集素材。

搜集素材：保暖羽绒服款式（4件）、亚马孙热带雨林素材（6个）。

（3）设计草图。

使用数位板，Ai软件绘制设计草图，反复修改，根据快乐雨林主题，考虑各个要素的搭配（图3.2.1）。

（4）确定颜色。确定服装的主要颜色和图案，先放在圆圈内，方便绘制时用吸管工具吸取（图3.2.2）。

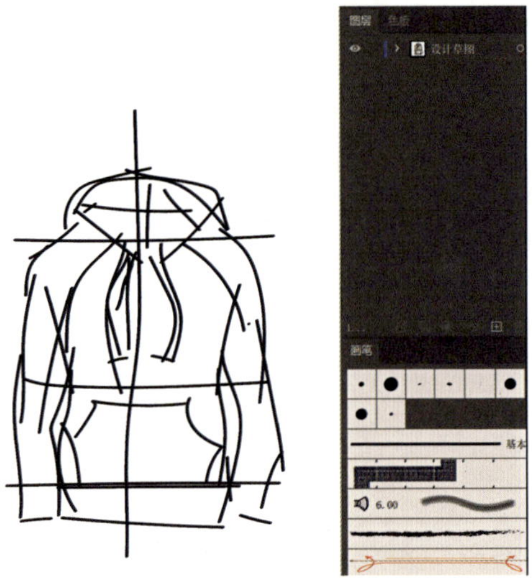

图3.2.1　使用画笔工具绘制设计草图

图3.2.2　确定主要颜色和图形

（5）绘制轮廓。确定好草图后，新建图层，边绘制边调整外轮廓。单独绘制外轮廓非常重要，便于后期更换颜色和图形。由于多数款式图是对称式结构，一般只需要绘制一半，再使用镜像工具翻转，连接处使用锚点链接工具连接（图3.2.3～图3.2.7）。

（6）绘制内部细节。根据不同的区域，分块绘制内部细节，包括帽子、分割线、装饰线、绳带、松紧、拉链、口袋等，需要耐心和细心，尤其是衣纹线，需要具有一定的变化，可以使用数位板的压力笔触完成（图3.2.8～图3.2.16）。

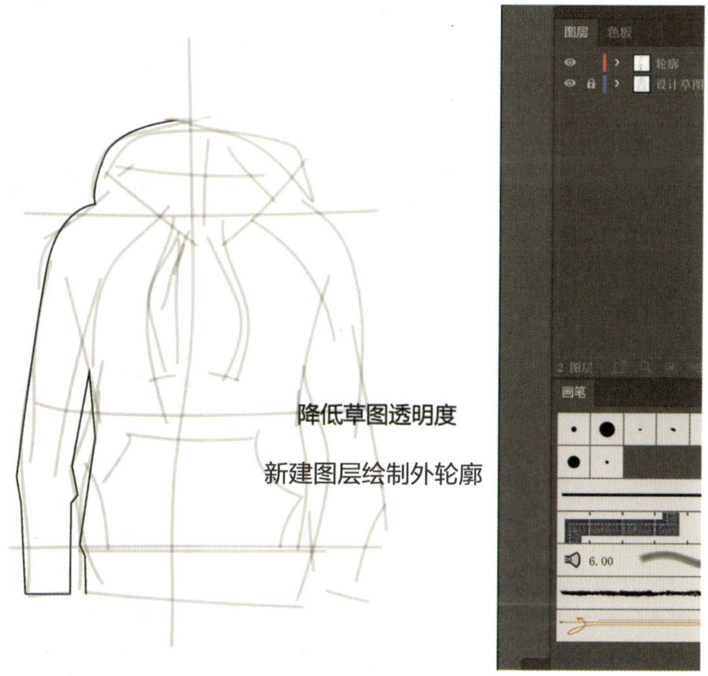

图3.2.3 在草图的基础上，新建图层绘制外轮廓

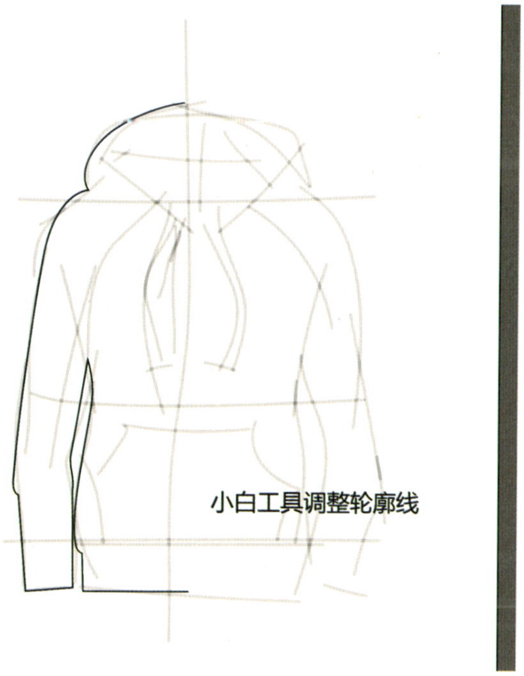

图3.2.4 边绘制边使用小白工具调整

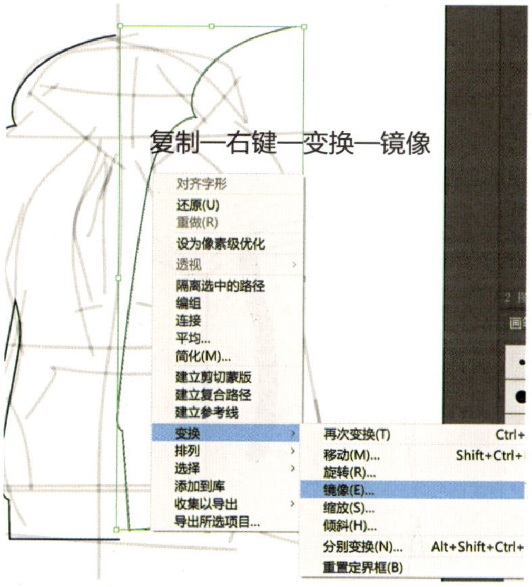

图3.2.5 镜像一半的轮廓

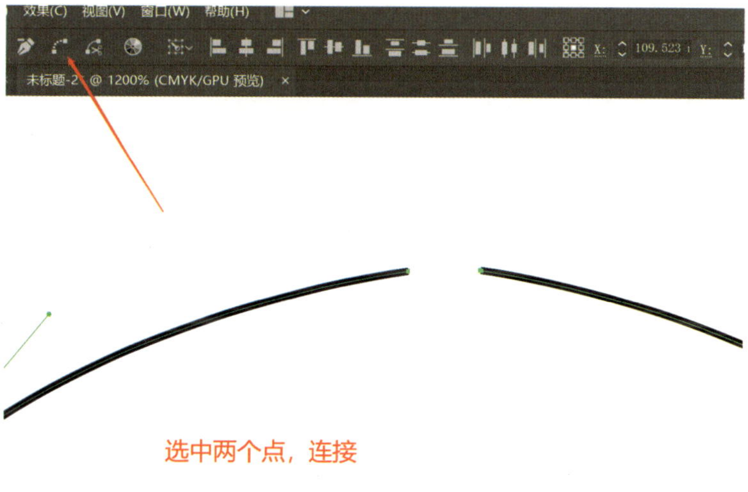

图3.2.6 使用锚点链接工具连接锚点

图3.2.7 完成一个完整的外轮廓

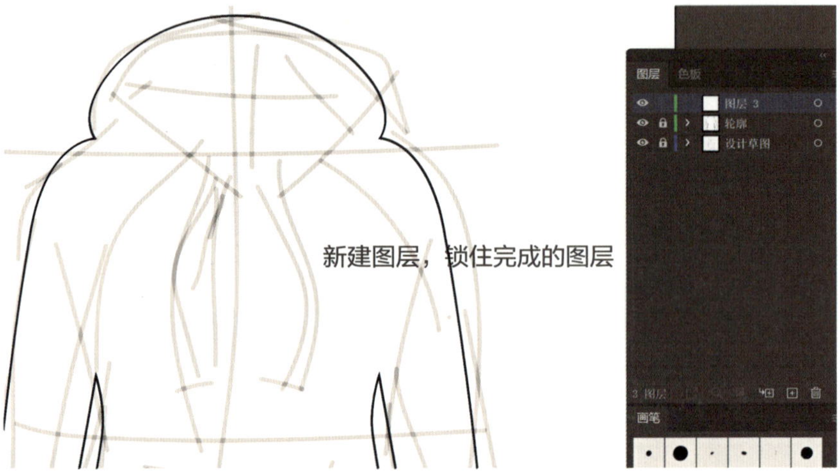

图3.2.8 根据不同块面新建图层，方便管理

图3.2.9 绘制兜帽部分

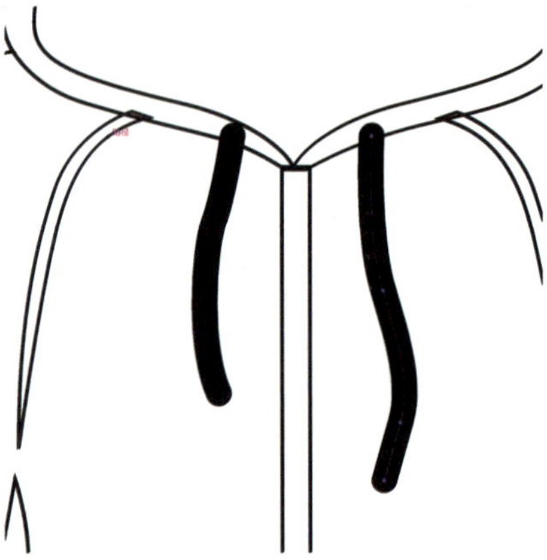

图3.2.10 绘制帽绳，先把线条加粗

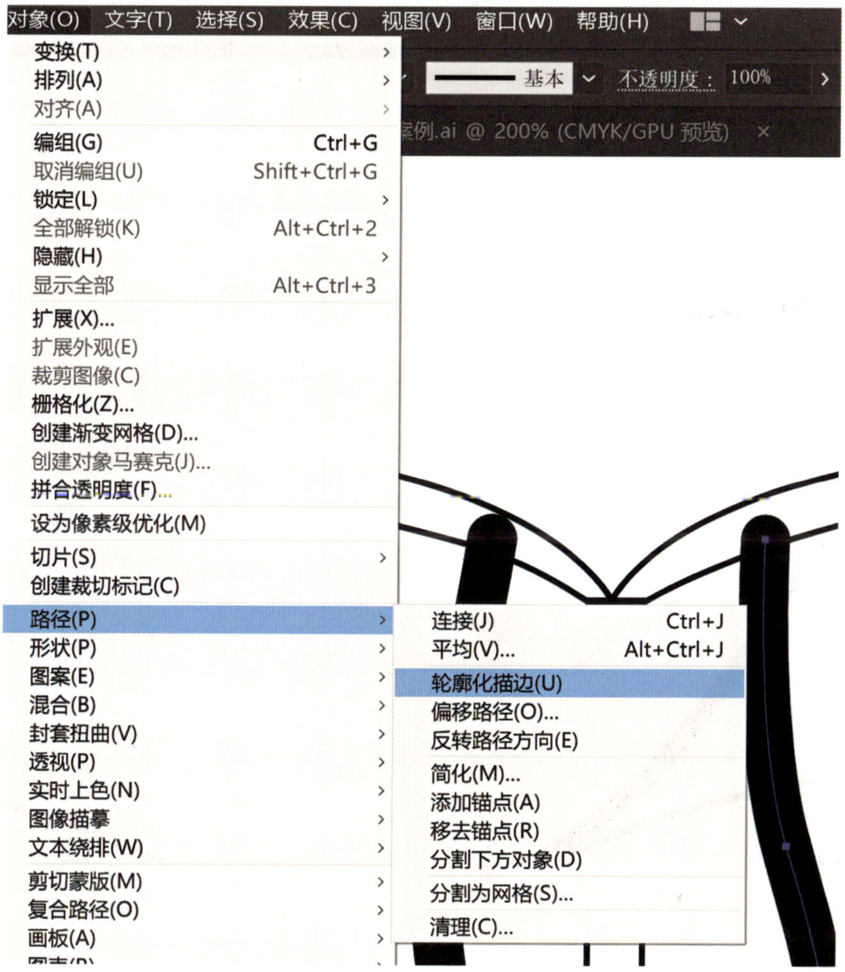

图3.2.11　再使用路径—轮廓化描边

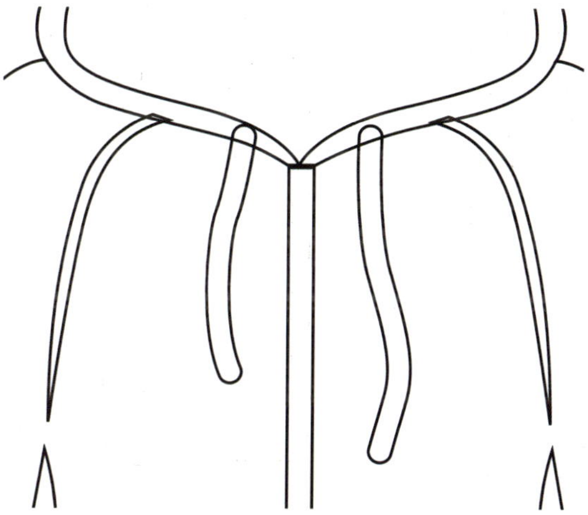
图3.2.12　得到有边缘轮廓的帽绳，方便填色

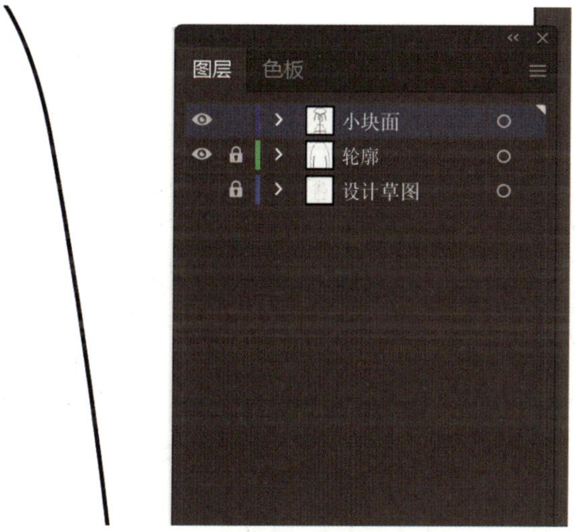

图3.2.13　为每个图层命名，方便查找

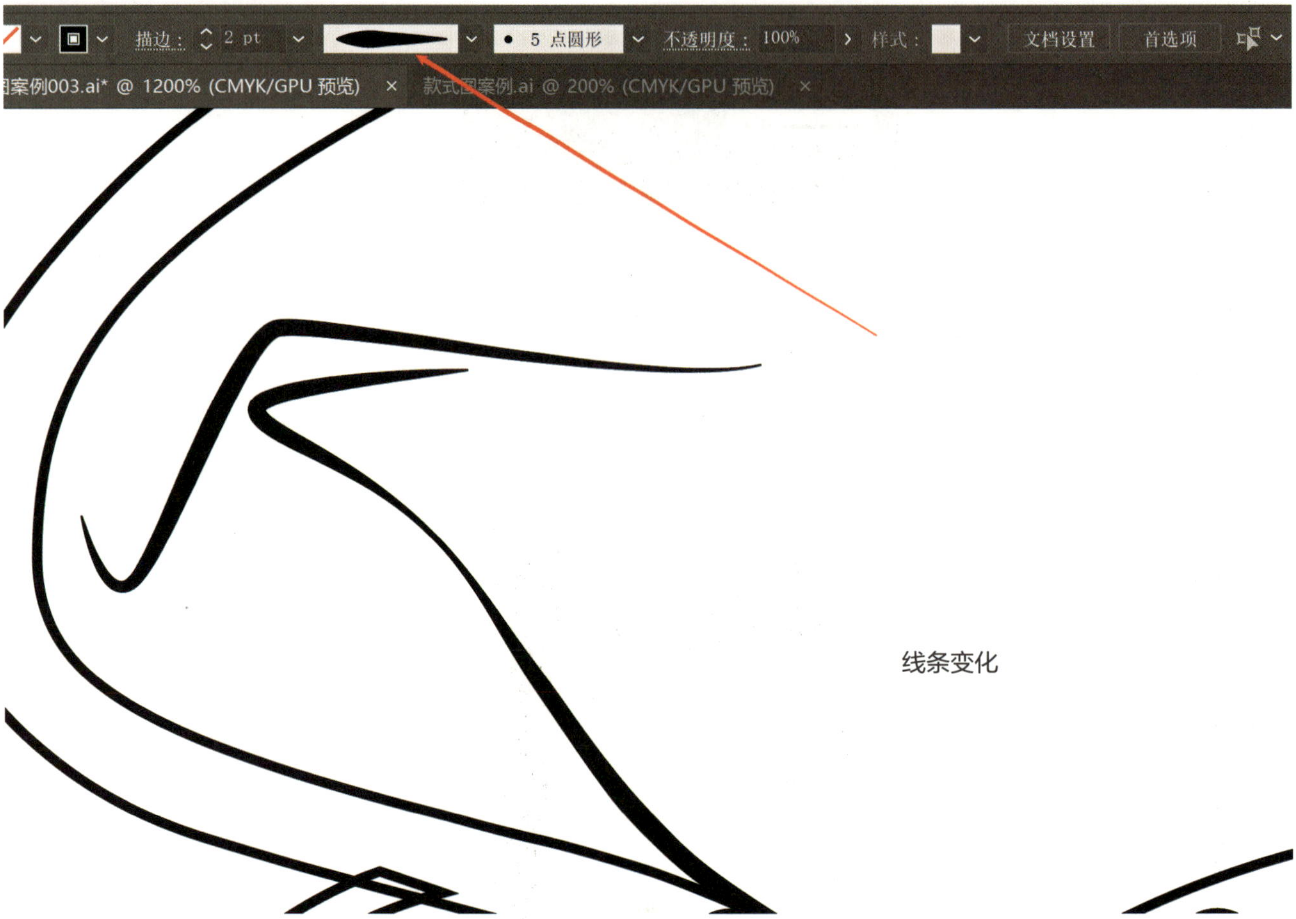

图3.2.14　使用线条变化，使衣纹线更加生动

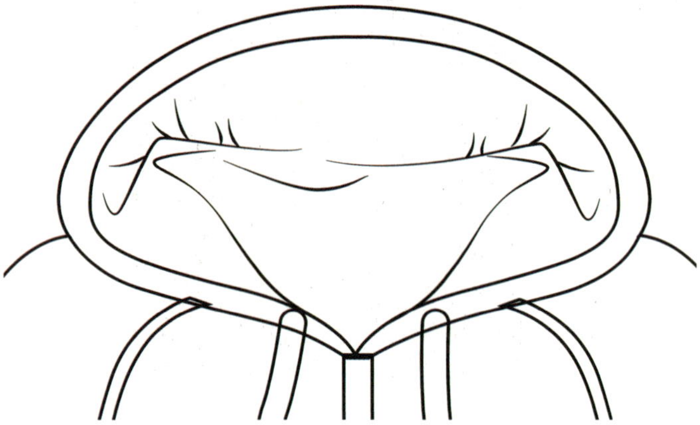

图3.2.15　完成帽兜部分绘制

图3.2.16　完成内部细节绘制

（7）绘制颜色与影调。根据设定好的颜色，填充颜色和图形，图形填充使用剪切蒙版（图3.2.17～图3.2.23）。

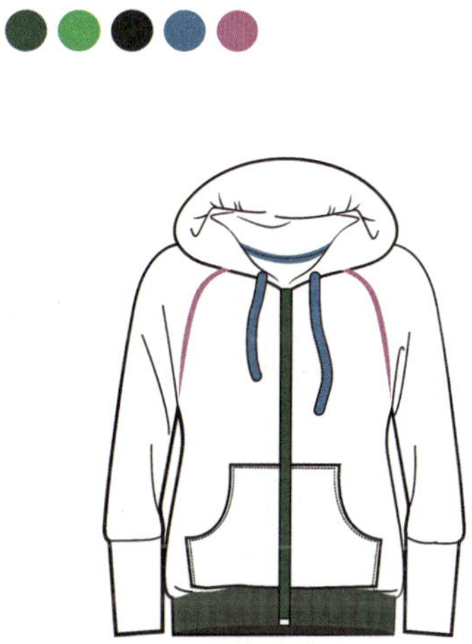

图3.2.17 选中各个轮廓，吸取颜色

图3.2.18 复制轮廓，轮廓放在图形一层最上面

图3.2.19 选中轮廓与图形，建立剪切蒙版

图3.2.20 完成剪切蒙版

图3.2.21 移动图形与服装对齐

调整、留出白边

图3.2.22 有时会留出白边，表现轮廓高光

小块面填色

图3.2.23 完成和调整各个块面的填色

（8）其他要素设计。绘制服装其他细节要素，细节是款式图的重要组成部分，要不厌其烦，认真刻画（图3.2.24～图3.2.31）。

（9）样机应用。样机应用主要是系列款式或款式的搭配形式，多个搭配便于客户选择，一般使用轮廓来更换不同的服装颜色和图形（图3.2.32）。

图3.2.24　使用混合工具绘制下摆罗纹

图3.2.25　下摆罗纹加下摆轮廓填色

外轮廓加粗，完成主要块面

图3.2.26　外轮廓线加粗，强调轮廓

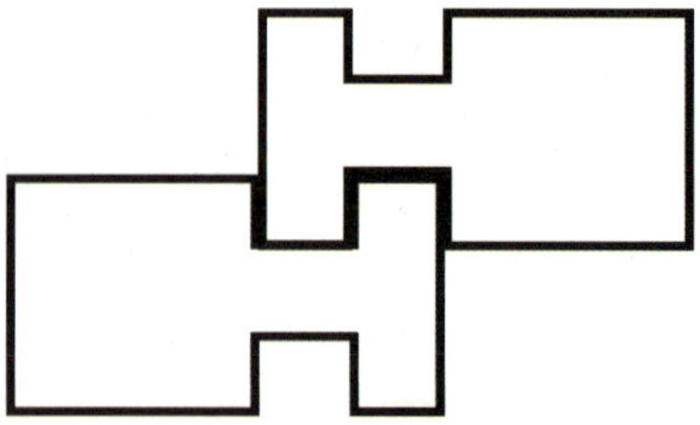

图3.2.27　绘制拉链的单元

图3.2.28 Ctrl+D重复复制得到完整拉链

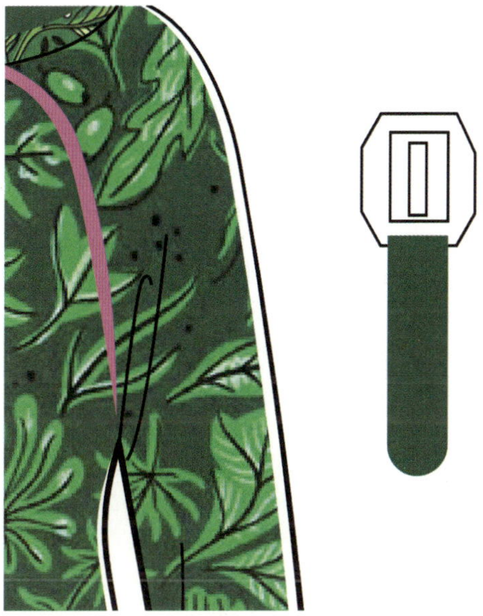

图3.2.29 绘制拉链扣

图3.2.30 完成后在每个图层不断调整

图3.2.31 完成绘制

图3.2.32 不同颜色图形的款式图样机

【实训练习】

实训练习一：设计以冬季滑雪运动为主题的服装款式图

要求绘制一张服装款式图，不需要步骤，jpg格式，A4大小，参考步骤见图3.2.33～图3.2.37。

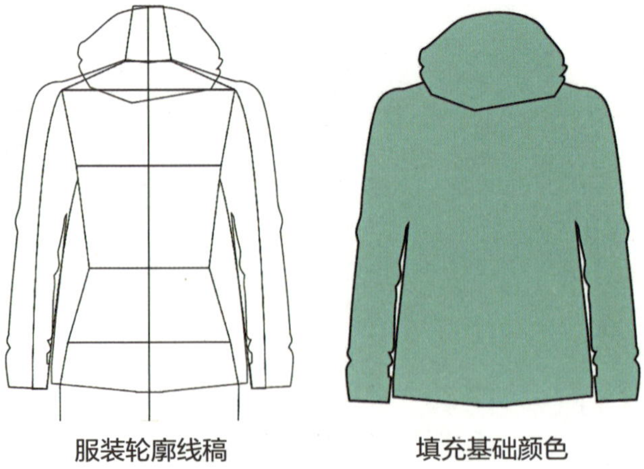

图3.2.33　绘制服装轮廓线和基础色

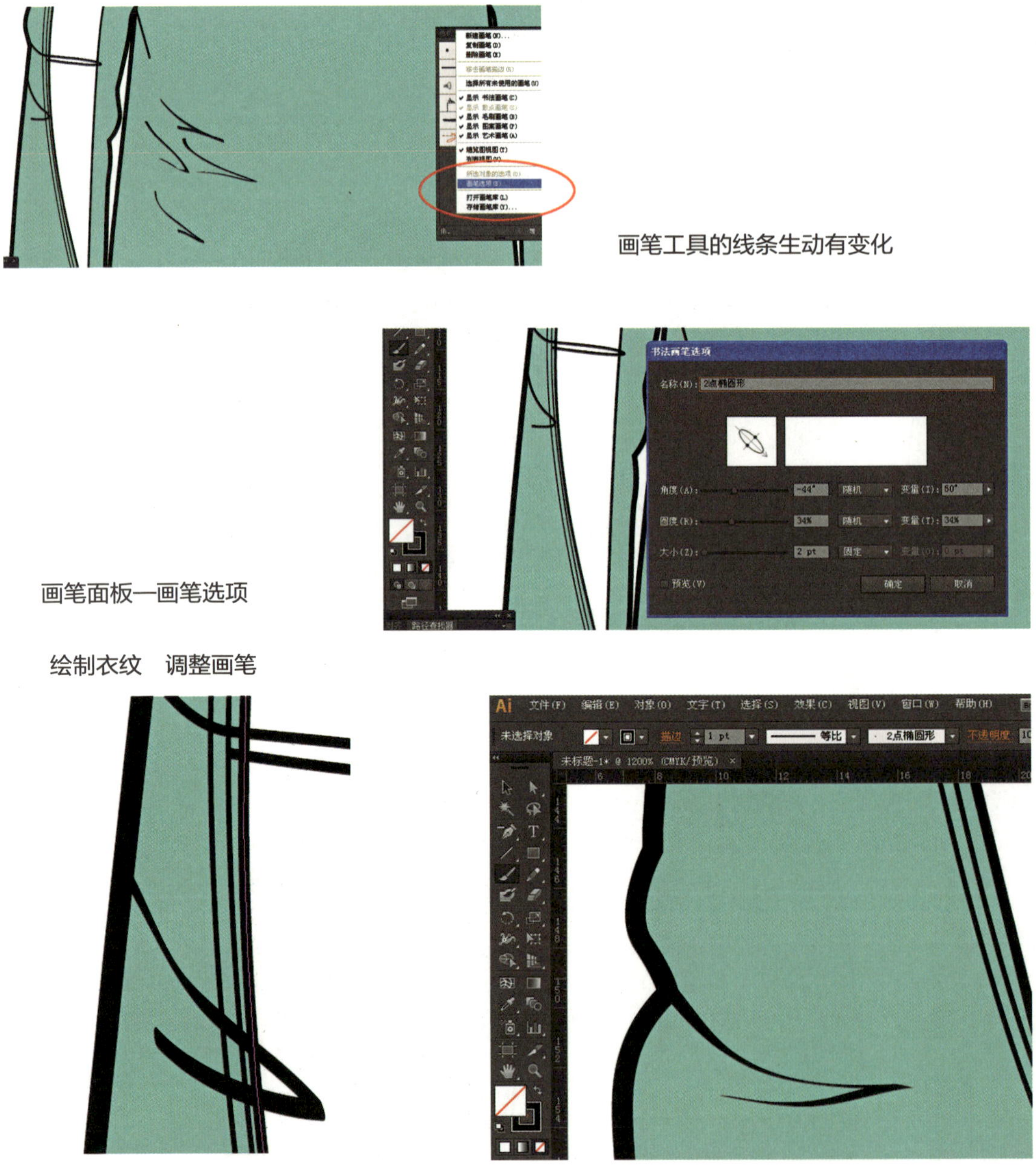

图3.2.34　衣纹采用画笔工具

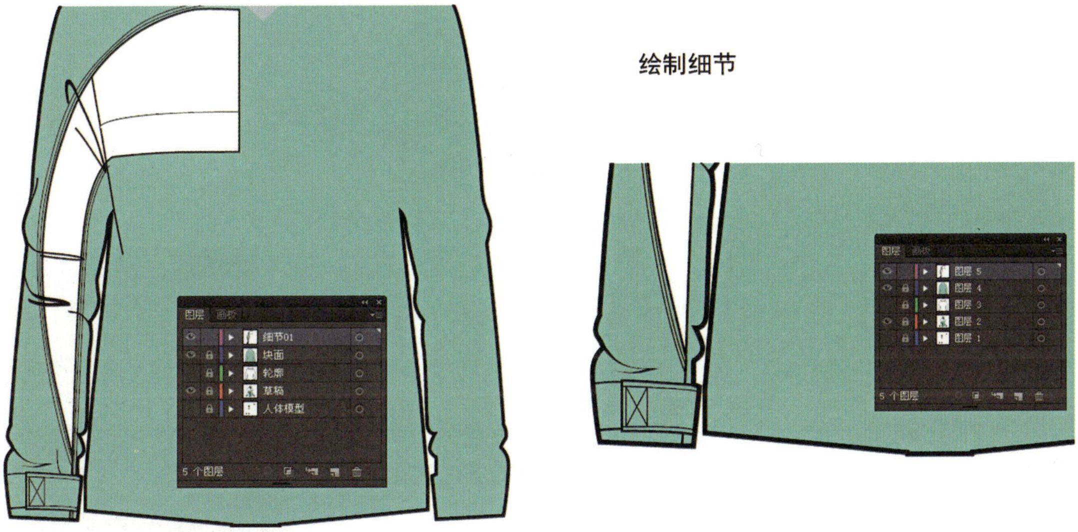

图3.2.35 完成细节后再复制到对称的另一半

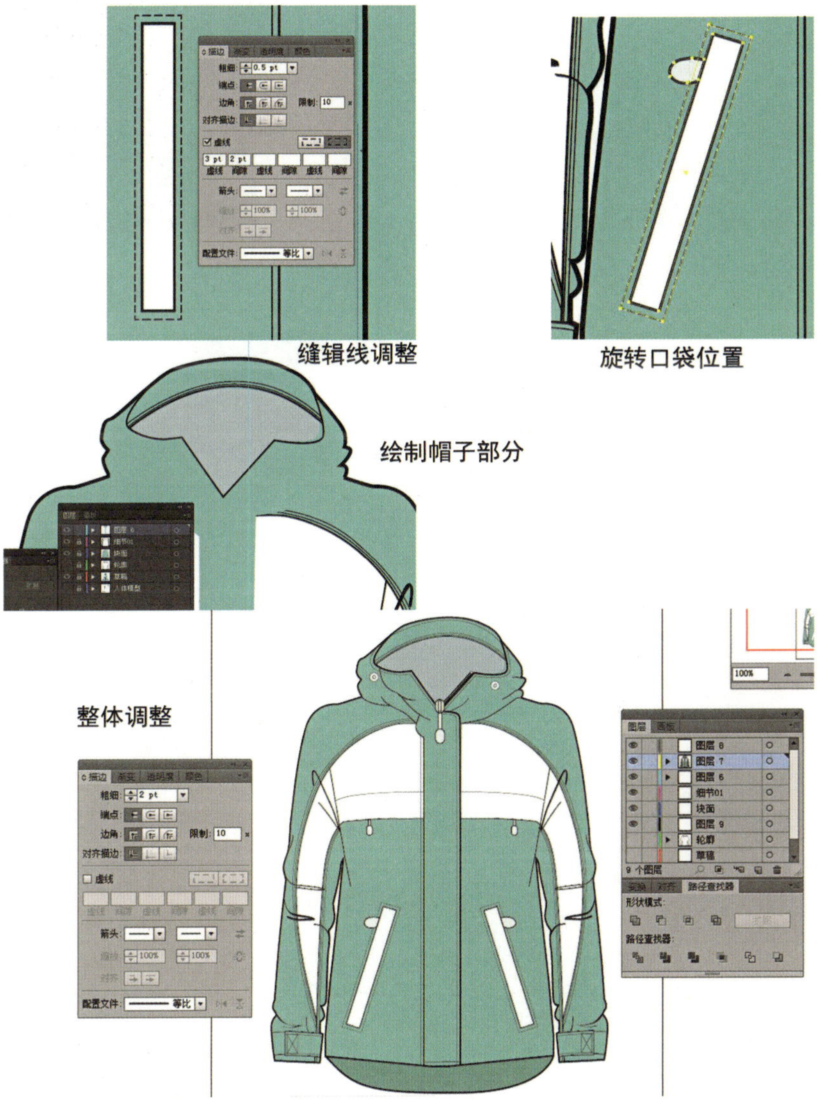

图3.2.36 各部位分别分层绘制

图3.2.37 完成组合的冲锋衣设计款式图

实训练习二：根据实物绘制童装款式图

要求根据童装实物，绘制一张款式图，不需要步骤，jpg格式，A4大小，参考步骤见图3.2.38～图3.2.45。

图3.2.38　导入实物图片

图3.2.39　绘制外轮廓

图3.2.40　外轮廓镜像对称

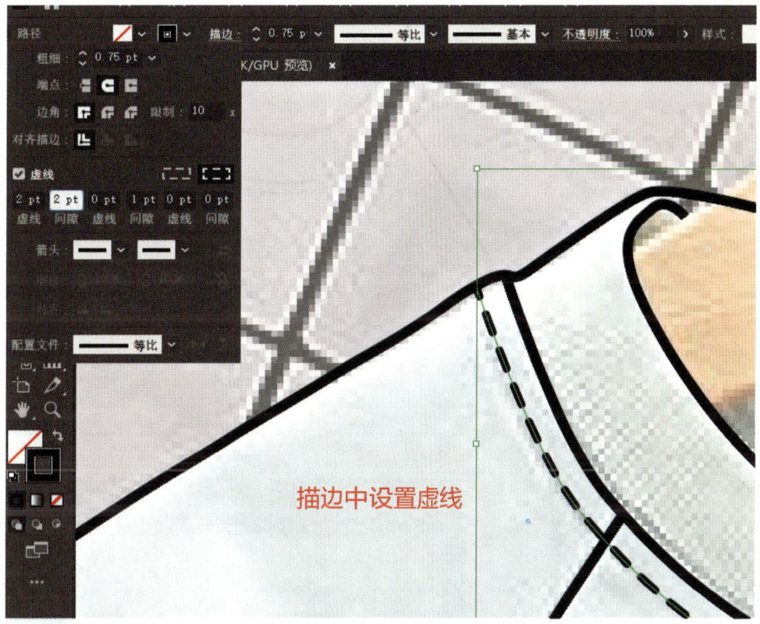

图3.2.41　使用虚线绘制缝辑线

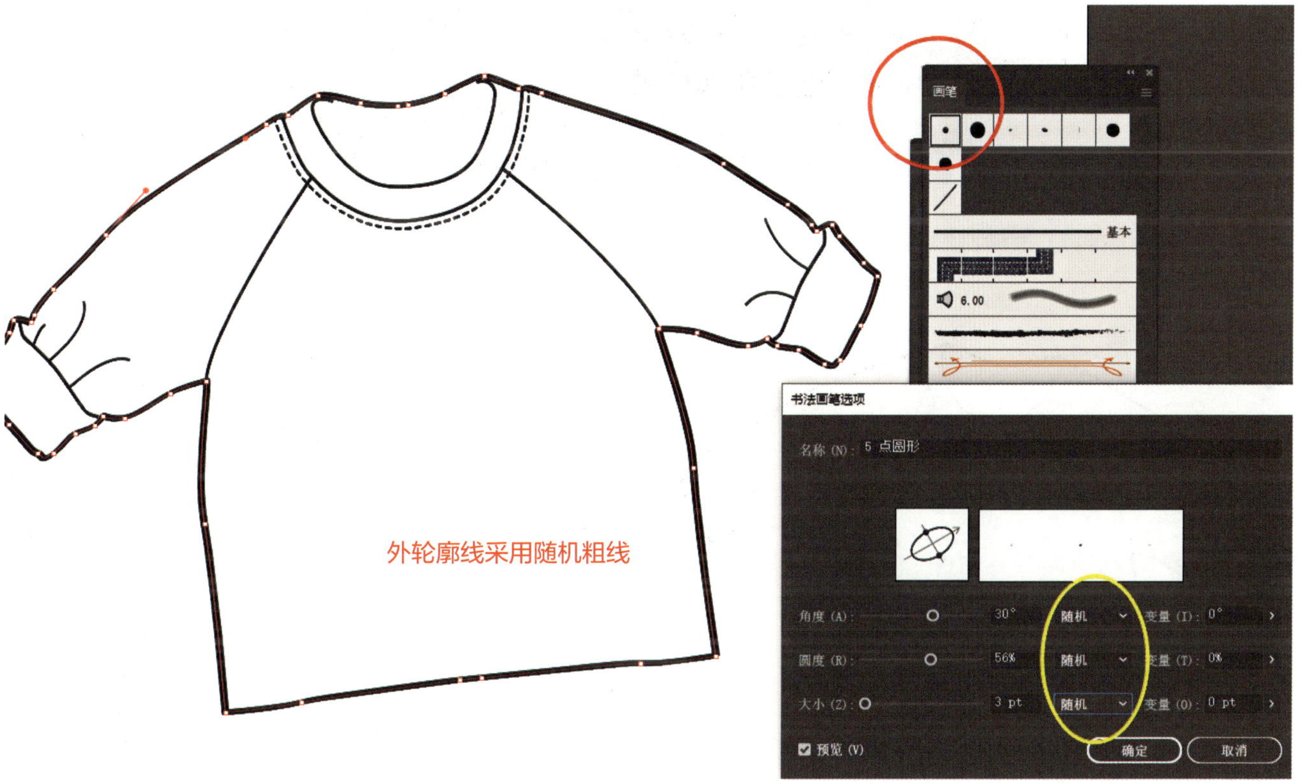

图3.2.42　调整外轮廓线，使之有粗细变化

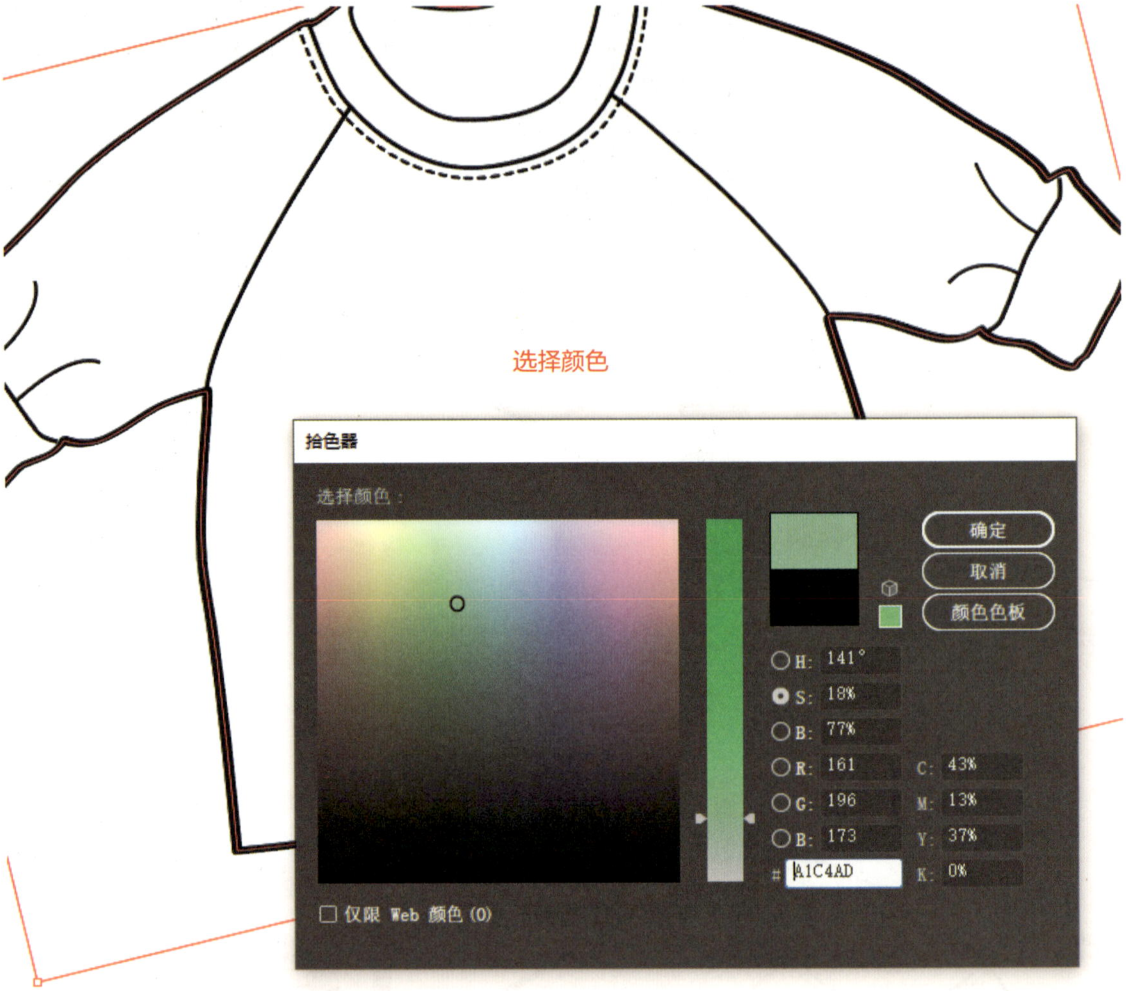

图3.2.43 使用不同的颜色模式选择颜色

图3.2.44 完成颜色填充

图3.2.45 贴入设计好的图形

实训练习三：绘制家居鞋款式图

要求设计一款女式家居鞋，使用数位板，结合Ps或Ai软件，绘制一张服装款式图，不需要步骤，jpg格式，A4大小，参考步骤见图3.2.46～图3.2.50。

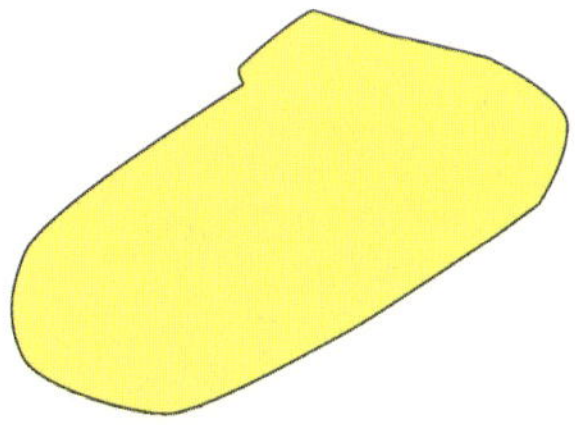
图3.2.46 绘制外轮廓

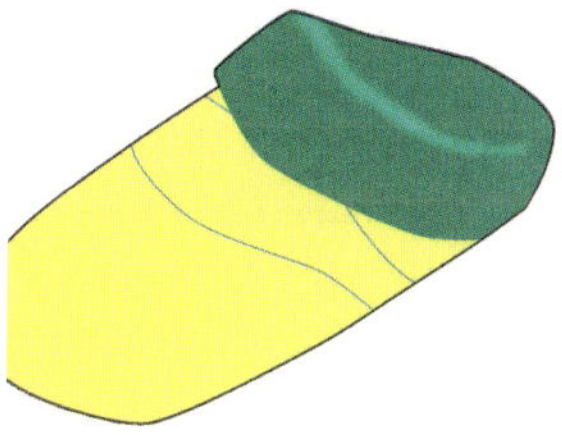
图3.2.47 Ps软件结合数位板笔刷绘制高光

图3.2.48 笔刷过渡绘制影调

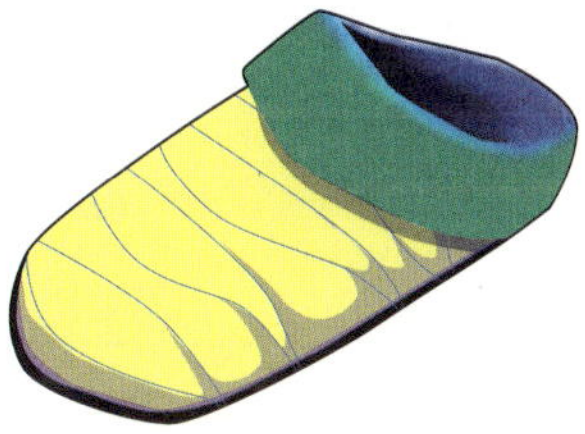
图3.2.49 加入一些颜色图层，使色调具有倾向性

图3.2.50 加入草莓图形

实训练习四：绘制女士大衣款式图

要求设计与绘制女式大衣，绘制一张服装款式图，不需要步骤，jpg格式，尺寸为A4，参考步骤见图3.2.51～图3.2.52。

图3.2.51 绘制影调

图3.2.52 Ai软件加入纹理

第四章

服装效果图设计与绘制

PPT 课件

章节要点

单元概述：效果图表现了服装穿着后的效果，更加注重服装的搭配装扮，展示服装的风格特点，本章节通过绘制服装效果图，了解其类型和作用，进一步熟悉数位板与绘图软件的基本绘制方法。

单元重点：服装效果图绘制要求。

单元难点：设计草图与构思过程。

单元思政：传统绘画中的人物画，文化自信。

使用软件/工具：Ps/Ai/数位板。

单元总学时：8学时（理论2学时、演示2学时、实训4学时）。

4.1 服装效果图设计

服装效果图设计

4.1.1 服装效果图的类型

设计师在开发新产品时需要绘制服装效果图与企业进行交流，同时把脑海中的设计变为可视的形态，便于不断修改和调整完善设计。因而服装效果图并不是最终的结果，而是设计过程中的计划，服装设计根据效果图的构想，最终制作成真实的服装，在市场中面对消费者的选择，完成购买和使用。

（1）设计构思。设计构思效果图反映了设计师的设计构思、服装搭配效果，是设计过程中设计师与企业、客户交流的主要手段，设计师把服装的穿着效果和风格特征用效果图的形式展现出来，以便听取各方的意见和建议，进行调整，最终确定设计方案。

设计构思效果图是前期设计交流过程中的文件，并不是最终确定的具有合同效力的文件，要求相对宽松，绘制上为了节约时间，采用简洁的画法，对画面的构图、形式美感等没有过多要求。

例如生活装的设计构思效果图，设计师以生活中的女性为蓝本，捕捉她们日常生活中的姿态，以观察设计的服装是否符合生活情景，在一些设计点，如花纹、面料、装饰和配件等，用文字进行说明，使他人更容易理解，方便他人提出改进意见。画法上采用画笔工具，绘制手法概括提炼，细节的刻画比较细致，整体上能够很好地表现服装实际穿着的效果（图4.1.1）。

（2）设计风格。设计构思效果图是设计师与客户相互沟通的桥梁，也是体现设计风格要点的主要手段，表现服装的整体风格，使他人能够对设计有一个整体上的认识，服装属于视觉审美，消费者更看中服装的独特风格，设计师的艺术审美通过效果图呈现出来，体现出服装为了什么人而设计，打扮出什么样的效果（图4.1.2、图4.1.3）。

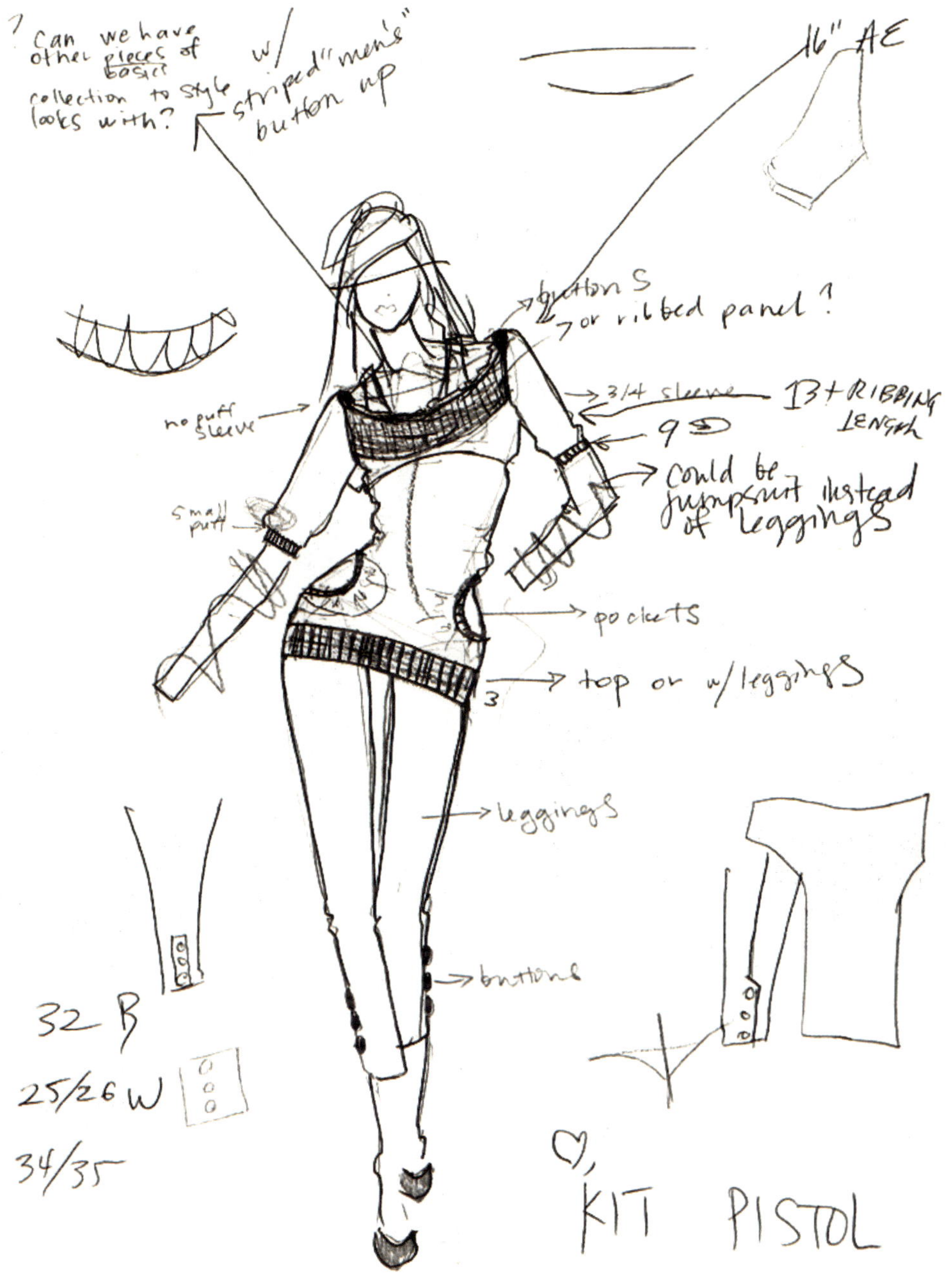

图4.1.1　反复修改的设计草图

图4.1.2　多种风格生活装设计效果图

图4.1.3　轻松笔触表现俏皮小香风风格的效果图

（3）提供选择方案。效果图绘制成本相对较低，可绘制多个方案供客户选择，在确定服装基本形态以后，征求多方意见，对设计稿再一次确认，最终形成几个设计效果图。如果构思设计关注的是整体风格，那么方案上则更加关注细节的不同选择。服装搭配不同，效果也不相同（图4.1.4）。

（4）插画类服装效果图。效果图用途不同，表现形式多样，根据具体目的，绘制的形式各异。一些时尚媒体会用效果图作为时尚插画，时尚插画形式各异，并不受服装设计的影响，重在表现插画效果，有多少种画风就有多少种时尚插画，没有一定的模式，而是根据时代审美不断变化的（图4.1.5）。

4.1.2 设计草图与构思

在设计工作中，设计人员通过效果图形象地表达产品的造型、色彩和材料，是表达设计意图的重要手段，设计以效果图作为成果展示，使他人了解设计师的设计理念，进行客户与企业之间的交流，是进一步制作成品的重要文件依据。如今，随着设计工作不断得到重视，效果图绘制方法也层出不穷，从手绘到专业绘图软件，使效果图的表达不断接近真实的产品，极大提高了效果图的表现力。现阶段，在业内人们常用能否制作出一幅精美的效果图来衡量设计师水平的高低，使很多设计人员将精力放在绘图技巧上，而忽略了效果图背后的设计，变成画效果图的绘图师。问题来了，设计师是要一个好的设计，还是要一幅好的画？

（1）设计草图与效果图的关系。效果图通过图片等传媒来表达作品预期的效果，是产品未实际生产之前产品效果的表现，是联系设计师和客户的桥梁，是展示设计的主要方式。因此，效果图的主要作用是展现和展示，需要具有打动观看者的亮点，更要注重外在的形式，包括精美的线条、美观的造型、逼真的肌理和独具风格的配色等，在平面上通过外在的形式明确传达设计信息。效果图因其展示作用，更适合用计算机软件绘制，尤其在上色和材质方面，软件操作既快捷又逼真，而过去使用的水粉、水彩、马克笔等手工制图方式，需要有较深的绘画功底，否则很难表现出真实的效果。

设计草图，也称手稿。现阶段，业内误认为手稿

图4.1.4 不同服装款式的选择方案

图4.1.5 写实风格的矢量效果图（Ai）

就是效果图的一种形式，会把很多设计师随手绘制的构思稿件当作一种风格的效果图去欣赏，甚至刻意学着绘制非常潦草的图，拿去当作效果图使用，自认为是一种很有设计水平的表现方式，由于细节交代不明确、不到位，往往造成该种效果图不能起到与客户很好的交流的作用。

设计草图是设计师在构思阶段的构思过程的体现，通过最简单的工具，快捷的表达自己的设计构思，并且反复修改，从一个模糊的想法逐渐变成清晰的形象，最终完成定稿。设计草图与效果图比是粗糙的，不刻意描绘线条，没有人会拿设计阶段的草稿当作正式作品去展示，就如同戏剧演出中排练和演出的关系，排练就是一个模拟并且完善的过程，但并不成熟，需要不断地找出不足、不断地调整，最终完成定型，开始正式演出，而效果图就是正式演出，排练可以修改，成型了的演出基本不修改，也有沟通过程中客户提出修改意见的，这是第二次的构思过程。

（2）在构思过程中设计。为了更进一步了解设计构思、设计草图和效果图在整个设计中的作用，以下通过鞋类设计师Kerrie Luft的设计作品举例说明。设计阶段的一般流程是：收集设计素材—提炼设计元素（根据设计素材找出相关设计点）—设计草图绘制与修改—正式效果图绘制。

①收集设计素材。设计素材是激发设计师灵感的重要来源，鞋类属于视觉产品设计范畴，视觉形象更有助于设计师得到启发，设计素材以图片为主，好的素材是设计成功的第一步。选取一些与设计理念相关的图片，如，符合时代审美取向、具有独特美感、与品牌风格相关等。设计师Kerrie Luft说："我喜欢将新技术与自然融合的想法，万物生长一直让我着迷，这些来自大自然的灵感可以不断刺激我。"自然是她喜爱的主题，本次设计选取的素材是天鹅（图4.1.6）。

②提炼设计元素。设计不是凭空想象，设计元素是根据设计素材提取的设计点，鞋类设计主要是以造型、轮廓、线条、配色、材质和配饰为主要选择目标。要根据素材特征选取设计元素，找到素材中最具表现力和美感的亮点，为下一步设计构思提供参考。天鹅主题中，天鹅优美的曲线外形是本次设计的重点，羽毛形态是辅助参考形态，天鹅设计元素提取如图4.1.7所示。

③设计草图绘制与修改。设计元素为设计构思提供了参考，下一步设计师就需要根据这些设计资料进行设计创作，把设计元素与鞋的造型结合起来。鞋的造型宜简不宜繁，设计上主次分明，重点突出。在天鹅系列中，设计重点是侧面的线条，虽取自天鹅的设计元素，但设计师还是根据鞋本身造型结构的需要进行了必要的调整和改动。曲线造型是本次设计的主造型，其进行了反复调整，力求表达对鞋设计的理解。

设计素材

图4.1.6 天鹅素材

参考造型

图4.1.7 提取关键造型

鞋跟是根据天鹅羽毛结合鞋跟特点变化而来的，是辅助主造型设计的次造型，改动不多。用铅笔绘制的设计草图起到了图示作用，设计师画好了大致的鞋形，结合设计元素，在草图上反复修正，逐渐明确了自己想要的设计（图4.1.8）。

④正式效果图绘制。正式绘制效果图时，基本上不需要再进行构思创作。Kerrie Luft把精力放在如何准确地绘制，细节、位置、大小和材质等都交代得非常清楚，画风是细腻优美的，给人赏心悦目的美感，最终的定稿为客户提供不同的选项（图4.1.9）。

从以上Kerrie Luft的设计过程可以看到，鞋类设计最主要的部分是在草图绘制阶段，而不是效果图绘制阶段。一般是用笔在纸上进行绘制，也有用数位板在电脑上进行记录并绘制的。

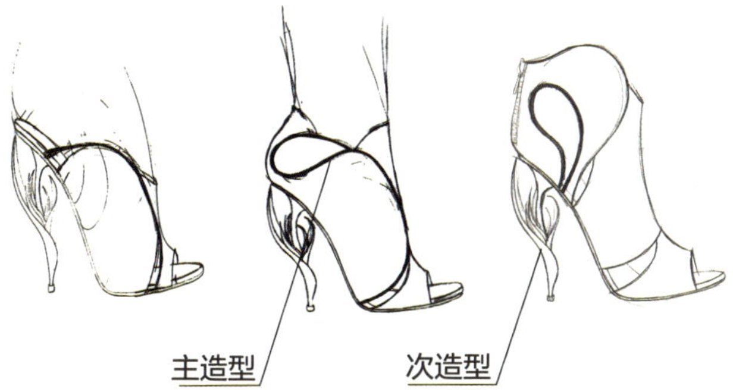

图4.1.8 反复修改和调整的效果图

图4.1.9 提供选项的效果图定稿

4.1.3 设计草图的作用

（1）记录构思。设计草图能够快速把头脑中的设计构思形象地表达出来。头脑中闪现的构思并不是具体而形象的，草图把头脑中的构思确切表达于平面上，在记录的同时延伸构想，进一步完善记录的信息，手在绘制的同时也反馈给大脑，考虑是不是这样更好，这样很好可以保留等问题，手则接受指令，完成一个个造型，这些造型是手与脑相互反馈，互相印证的结果。

设计构思并不能按照程序按部就班，人们还不能够完全控制思维，人处于创作状态，头脑创作区域比较兴奋时，才能够贯通以前的经验，使之融合形成崭新的构思，这种快速形成的新构思，称之为灵感，创作灵感产生很突然而且消失也很快，可谓稍纵即逝，如果不及时快速地记录下来，大脑很容易被下一个想法替代，而失去刚刚形成的新构思。

（2）调整构思。完成了初步设计草图以后，还需要再一次进行手脑配合，来完善设计构思，使之更加接近所要达到的目标。在初稿上修改，画出的造型，反复观察，尽可能使形状贴近想要的效果，如果把握不准，可以参考资料造型，根据素材绘制设计草图，修改和调整确定终稿。面对已经形成的初稿，调整构思的速度可以减缓下来，进行深思熟虑，头脑中列举各种设计目标，反复推敲，使设计更加美观、时尚、合理。

（3）激发设计创作。手、脑、眼的配合是一个复杂的过程，手所表现出来的线条并不完全是人的思维再现，有时还会出现意想不到的造型，如同一个书法家也不可能写出一模一样的字，经过眼的查看，手的动作，所展现出来的具有生命力、富有激情的形象，具有感染力，有很强的代入感，草图绘制产生的某种不确定性使设计更加生动，手绘草图更能体现设计的灵性，增强艺术感与人文意味，激励设计师不断产生新的想法，而这种状态，在使用电脑规矩、严谨的工具时是很难产生的。

（4）提高设计师的设计能力。俗话说“脑子越用越灵”，经常使用手绘草图有助于提高设计能力。研究表明，手指运动中枢在大脑皮层中所占的区域最广泛，人的双手能够做出几十亿种不同的动作，这些动作都是和思维活动紧密相连的。经常进行手绘，手脑并用，通过手指的活动来刺激大脑，有助于提升大脑中创造区域的功能。

长期使用手绘草图，造型能力也会相应得到提高，进而提高设计能力。眼是手、脑结合的关键，眼观察后反馈给大脑，大脑指挥手来塑造造型。长期训练，能够提高观察能力，发现一些更有意味的形式，对形态的感悟会得到加深，进而创造出独具风格的造型。

服装设计重在设计，绘图次之，设计草图是服装设计最佳的手段，其目的在于设计和创新，而不是展示。设计草图对设计构思起着记录构思、调整构思和激发设计创作的作用，长期使用设计草图，手脑结合，还能够逐渐提高设计师的设计造型能力。了解设计草图的作用，有助于设计人员在设计阶段把更多精力放在设计上，创作出更多符合市场需求的好的设计。

4.1.4 人体形态与效果图

款式图的目的是表现衣服本身，而效果图的目的是表现服装穿着效果，看一看衣服在人的身上怎么穿、怎么搭配，因此效果图离不开人，绘制效果图首先要了解人体。

（1）人体形态。人体的基本形态为正面与背面是左右对称的，从侧面看变化较大。男女人体是男装、女装的基础，男性轮廓硬朗、女性显得柔和。人体在动作中的重心会呈现一条垂直线，人体的运动通过关节向空间各个方向转动。计算机是用平面来表现服装，容易忽略服装和人体的立体形态，要建立一个立体的概念（图4.1.10、图4.1.11）。

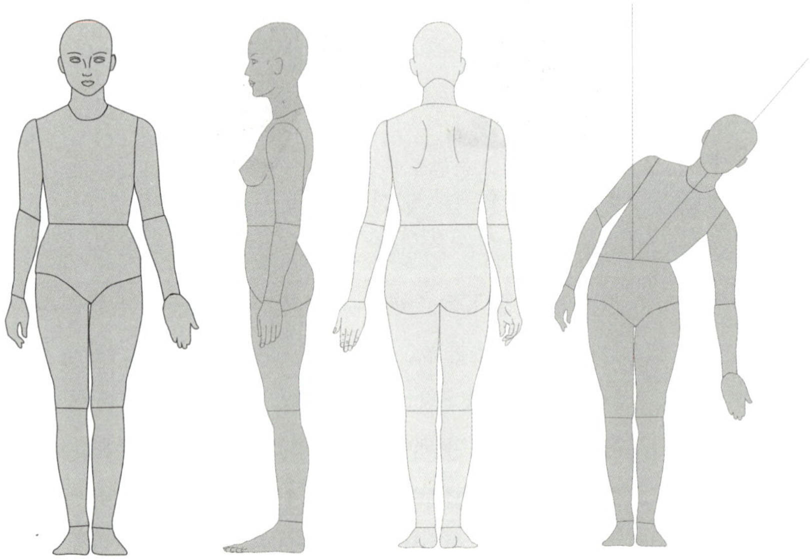

图4.1.10　人体的基本形态

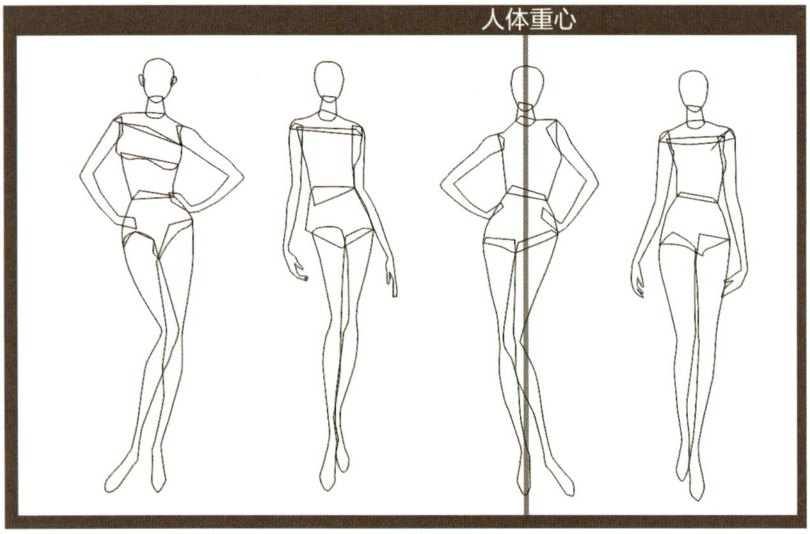

图4.1.11　人体的重心

（2）人体绘制。绘制人体可以通过写生、临摹、模仿和自创等方式获得。比较实际的方式是根据真实人体获得，根据真实人体的图片获得人体形态，真实人体有时候不够理性化，可以在其基础上适当夸张变形，例如可以拉长四肢、缩小头部等（图4.1.12）。

建立一个实用的人体素材库，对于电脑服装设计而言是十分必要的。每次设计的时候根据需要找出相应的人体，能够极大地提高设计效率。人体库可以根据写实、设计、表现等分类，也可以根据男女童、胖瘦等分类。

（3）头部绘制。头部是效果图的表情，一个效果图没有头部就像一个人体模型或衣架，缺少拉近观看者距离的要素，现实中，脸部也是人们首选关注的对象，一个有面部表情的脸可以让观赏者更快融入观赏中。头部数位板绘制步骤如图4.1.13～图4.1.17所示。

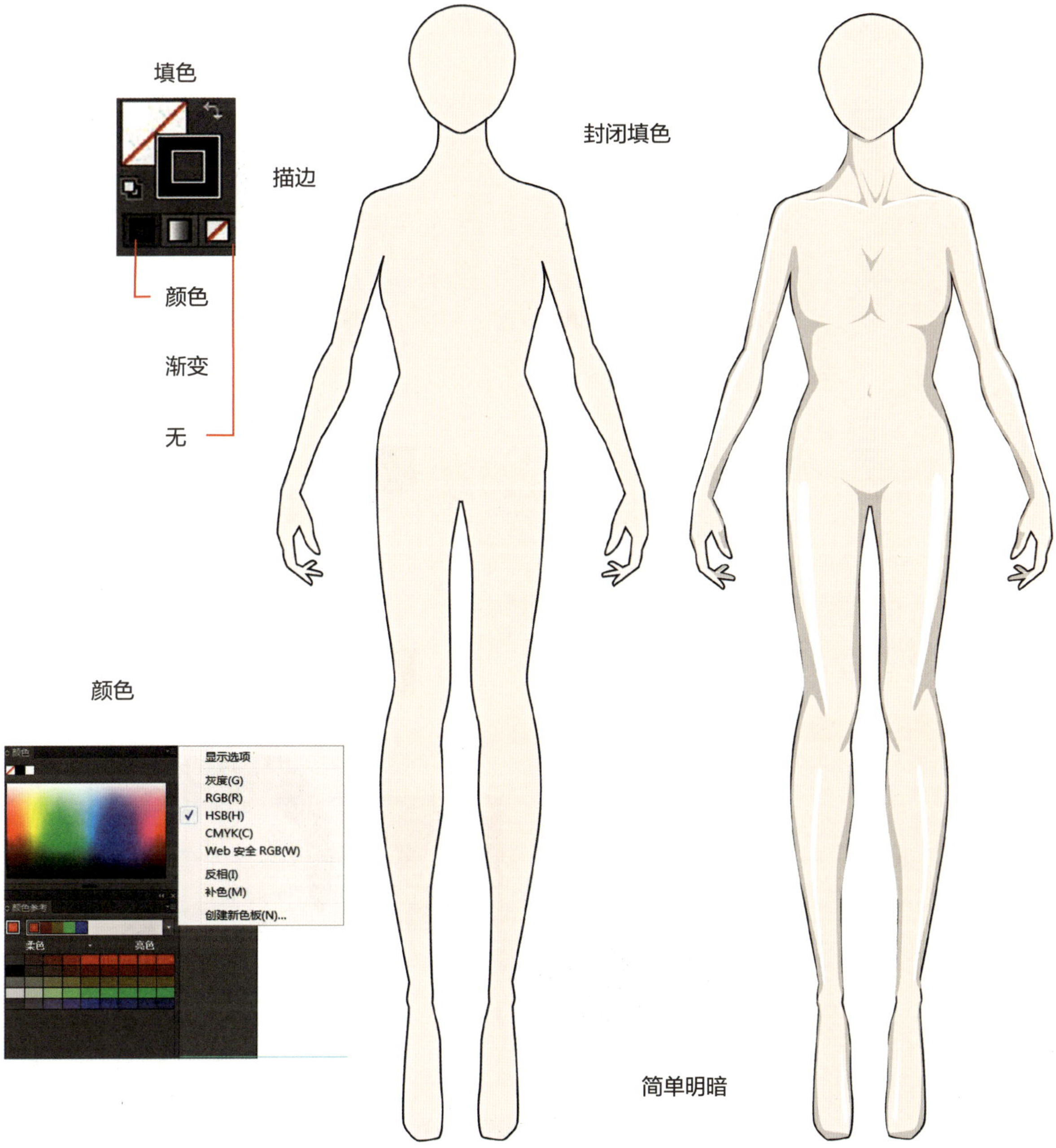

图4.1.12 适当夸张美化的人体（Ai）

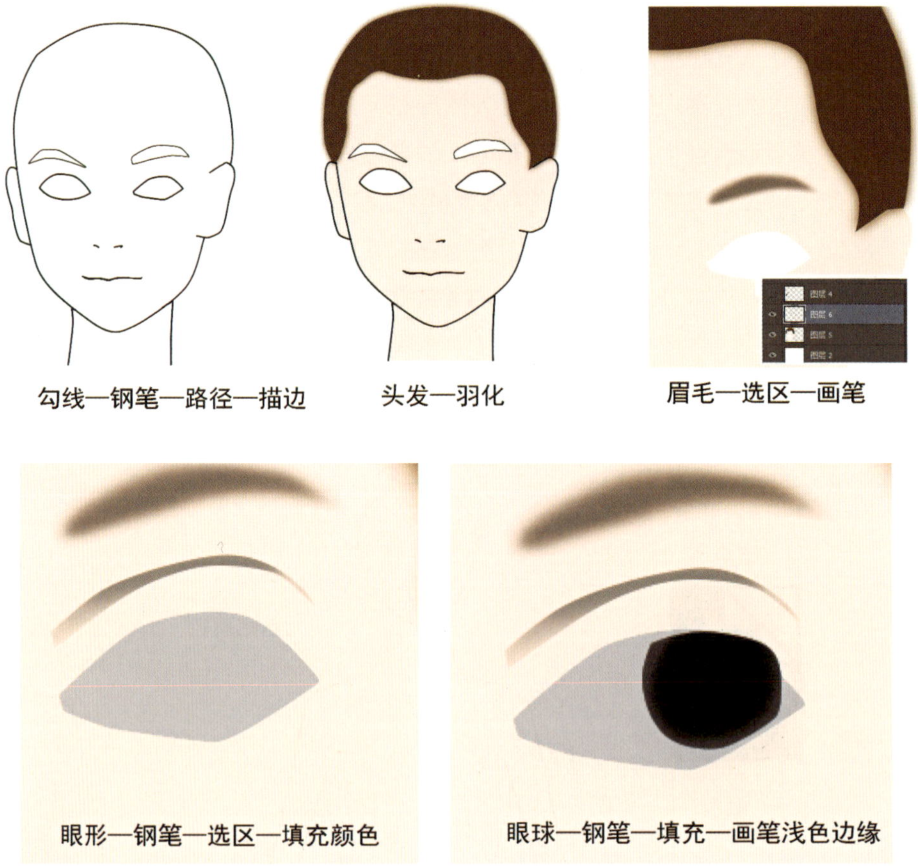

图4.1.13　Ps头像绘制步骤1

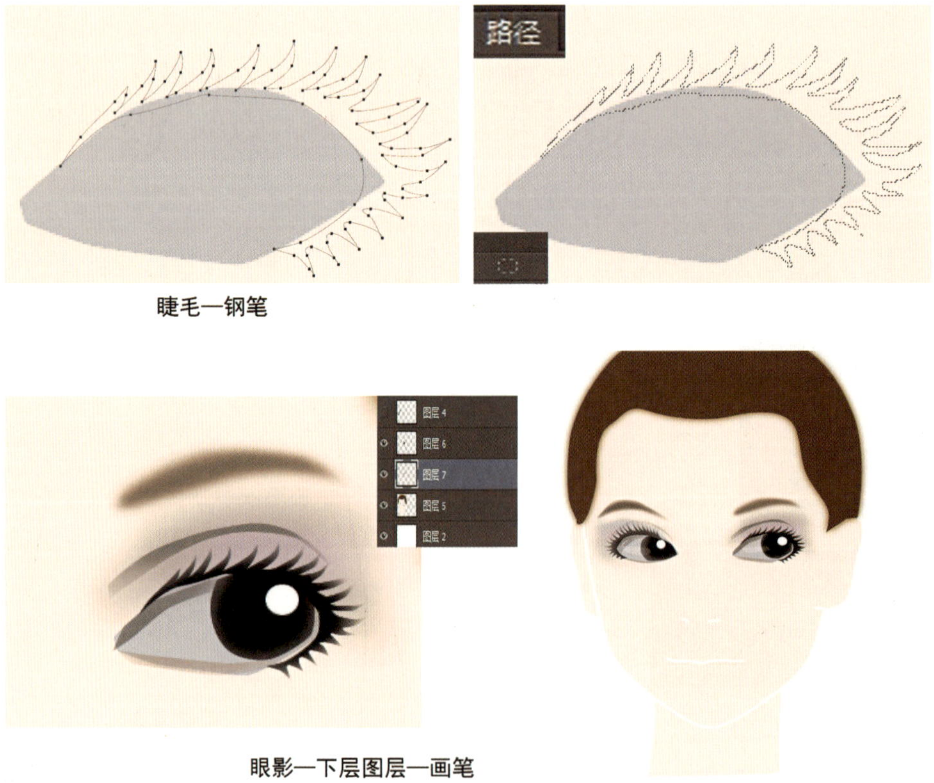

图4.1.14　Ps头像绘制步骤2

鼻影—钢笔—路径—选区　　　　鼻影—画笔—不透明度—流量

嘴唇—钢笔—选区　　　　唇色—画笔　　　　高光—新建图层—画笔—图层不透明度

图4.1.15　Ps头像绘制步骤3

面颊—画笔—微红

图4.1.16　Ps头像绘制步骤4

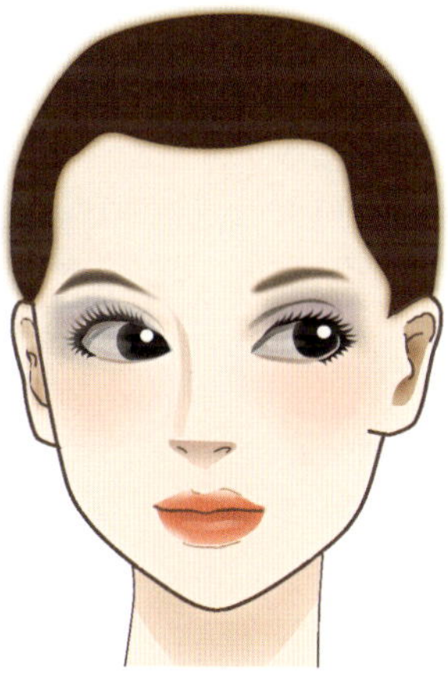

图4.1.17　Ps头像绘制步骤5

头部绘制可以尝试使用各种软件进行练习，力求做到生动自然，与人体一样，做好的头像和发型也可以建立一个数码素材库，以便设计的时候随时调用。头部表现风格各异，可以使用不同的数位板，尝试不同风格的表现（图4.1.18、图4.1.19）。

图4.1.18　使用软件SAI进行头像绘制练习

4.1.5 服装绘制

人体穿着服装以后就呈现出另外一种不同于人体的外观形态，即使是紧身衣，也在材质、颜色等方面区别于人体，服装改变了人的外观。服装既依托于人体，同时也有自身的造型，服装随着时代的变迁，外观也在不断变化（图4.1.20）。

服装由面料构成，相对柔软的面料覆盖于人体，就会产生各种各样的衣纹，有的是大的衣褶，有的是细碎的衣褶，服装穿着在人身上，随着人体的动态而产生变化，为了更好地掌握衣纹变化的规律，平时要注意观察衣褶形成的规律，经常速写练习，观赏绘画艺术中衣纹的表现方式（图4.1.21）。

学习绘制服装效果图，可以临摹实际服装，根据实际服装的图片绘制效果图，实际服装有真实的服装穿着，有实际的光影，比臆想的更能体现服装的特点，临摹实际服装或照片，可以在实际的基础上加入自身对服装的理解，适当夸张、取舍和概括，逐步掌握服装各

图4.1.19　使用数位板绘制风格各异的头像

图4.1.20　形态各异的服装的外观轮廓

图4.1.21　绘画艺术中的服装衣纹

图4.1.22　临摹真实服装（Ai）

图4.1.23　效果图绘制和上色步骤

种形态和细节的表现手法。效果图绘制的一般步骤为线稿、颜色和细节刻画（图4.1.22、图4.1.23）。

为了使服装效果图更加生动，可以尝试更多表现方法。例如，扁平化表现方法、铅笔表现、绘画表现、平涂表现、毛衫表现、粗犷风格等，使效果图形式更加丰富、更具表现力（图4.1.24～图4.1.26）。

4.1.6　Ai头部绘制

绘制服装效果图头部，要求五官比例协调、结构清晰，jpg格式，A4大小。绘制案例如图4.1.27～图4.1.29所示。

4.1.7　毛衫绘制

使用数位板绘制毛衫效果图，要求表现出服装的肌理，造型生动、结构清晰，jpg格式，A4大小。绘制案例如图4.1.30、图4.1.31所示。

图4.1.24　用数位板铅笔效果表现（Ps）

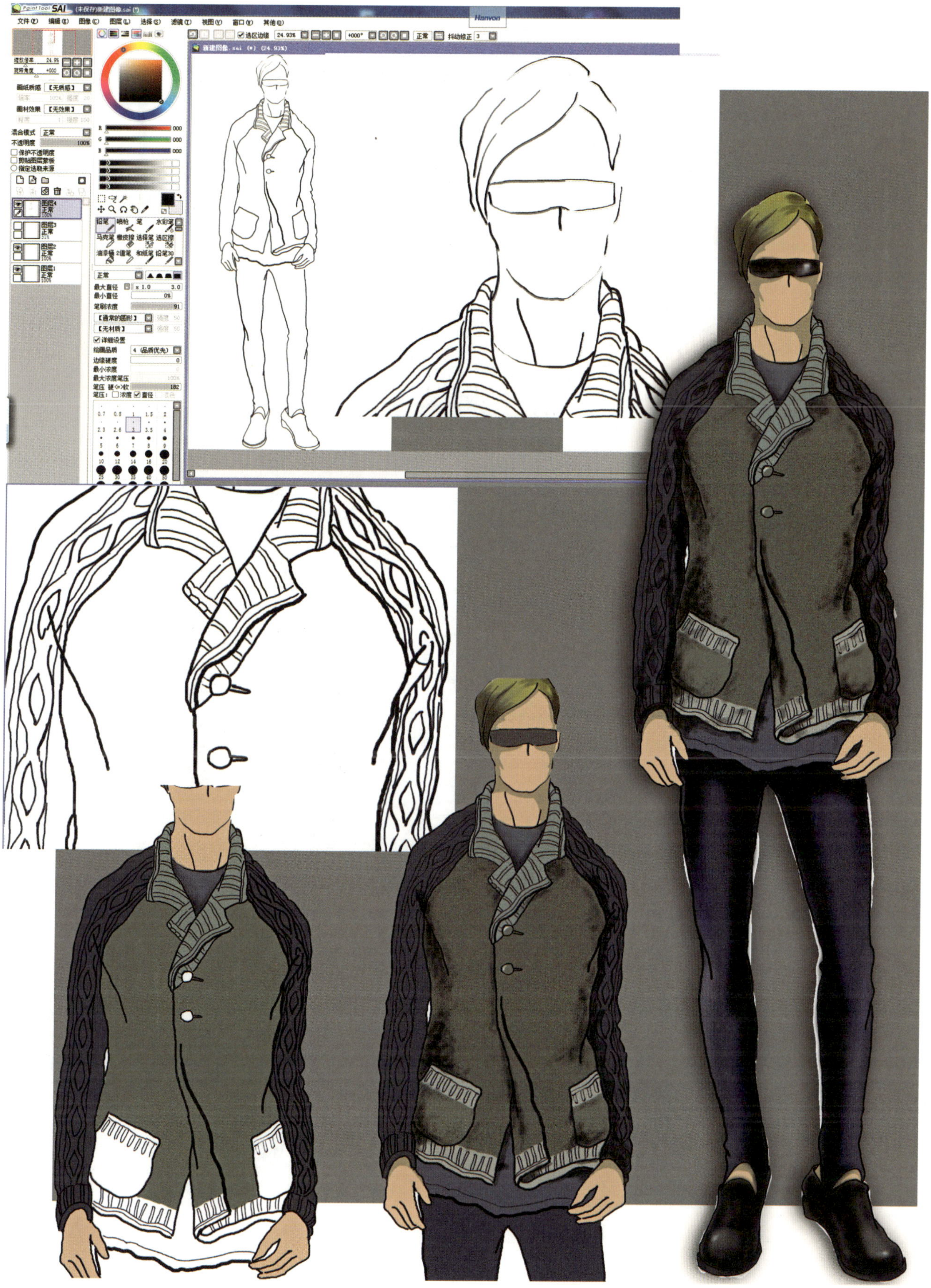

图4.1.25　使用SAI软件，结合数位板绘制男装效果图

图4.1.26 在人体的基础上，使用数位板设计服装

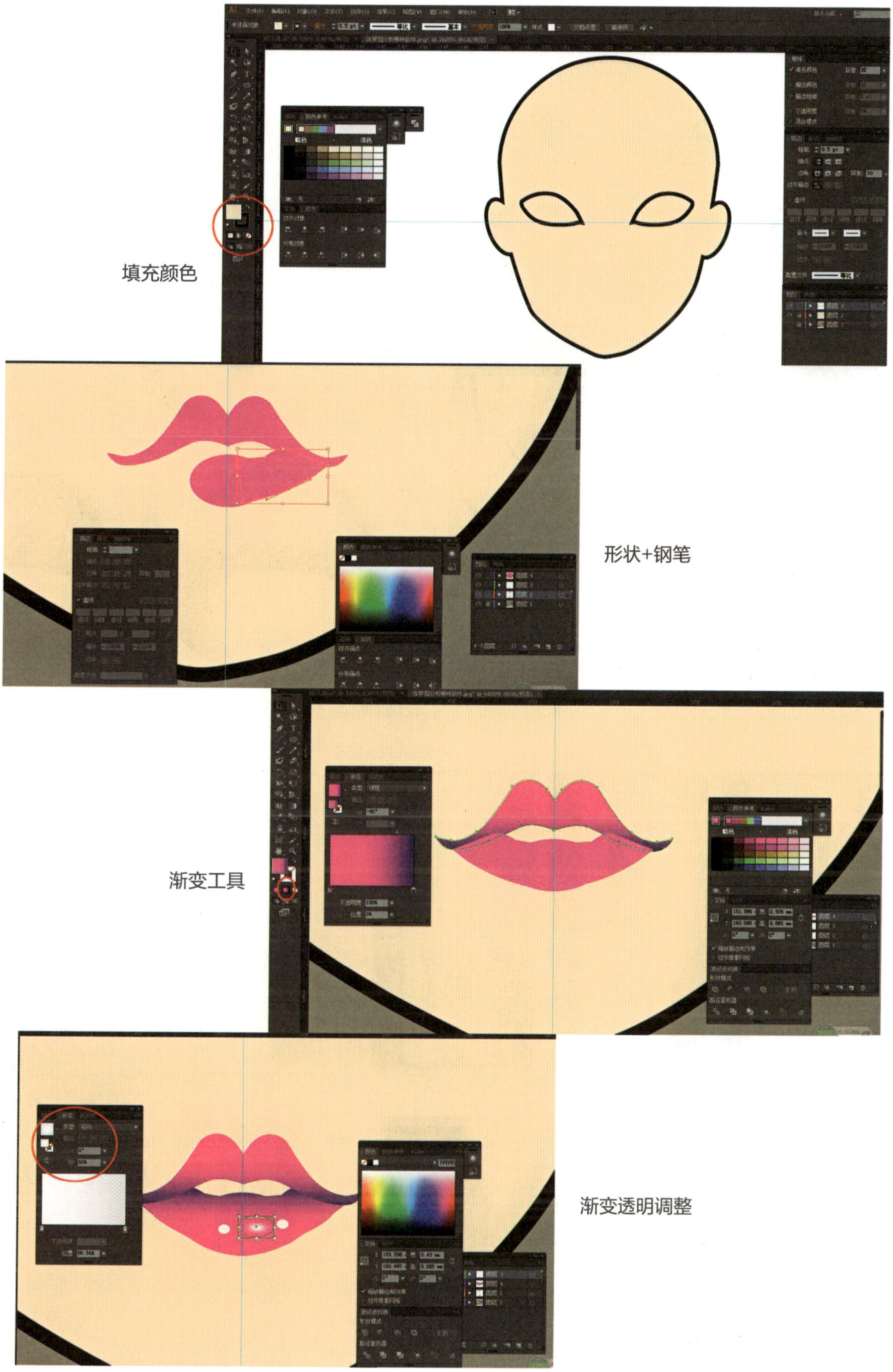

图4.1.27　Ai头像绘制步骤1

图4.1.28　Ai头像绘制步骤2

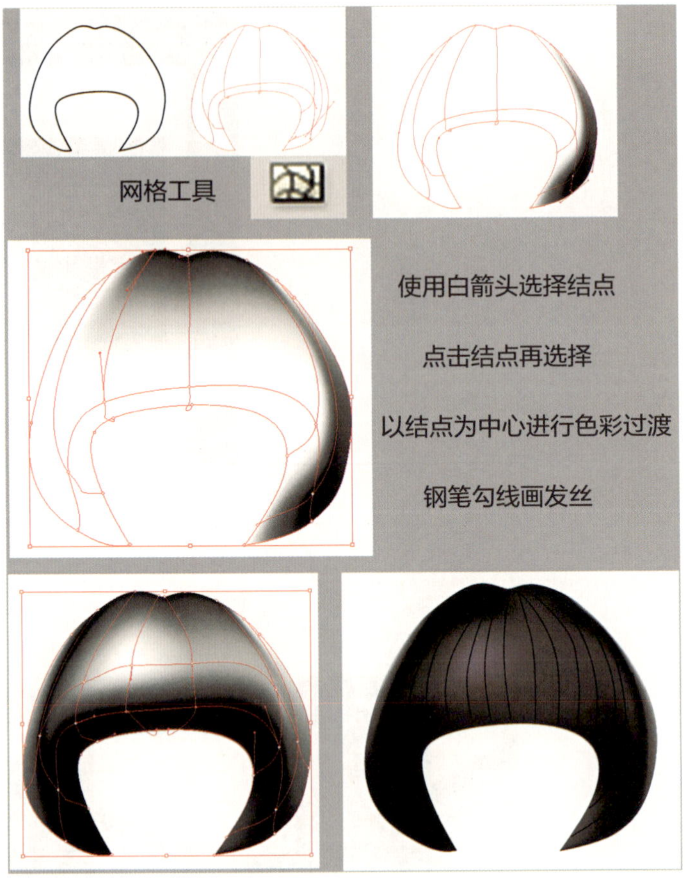

图4.1.29　使用网格工具绘制头发（Ai）

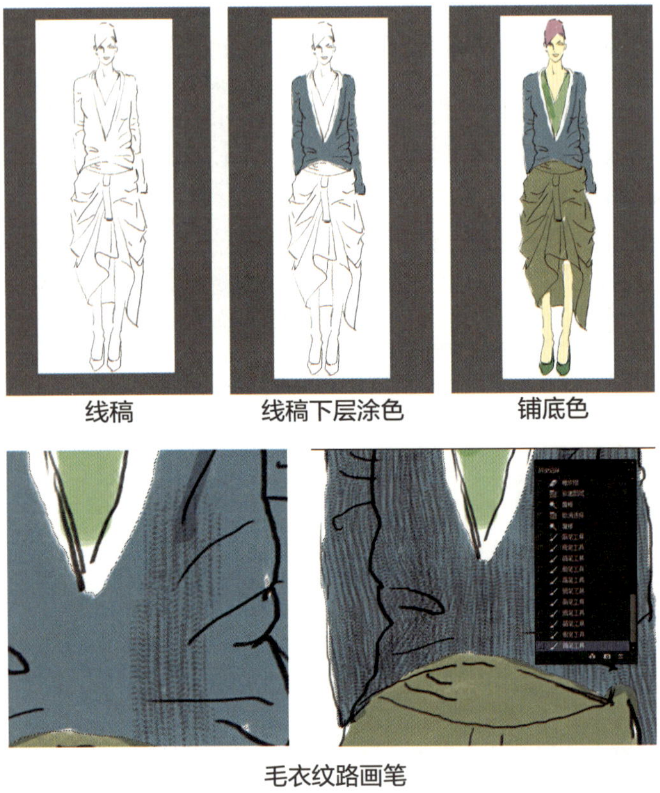

图4.1.30　数位板毛衫肌理表现（Ps）

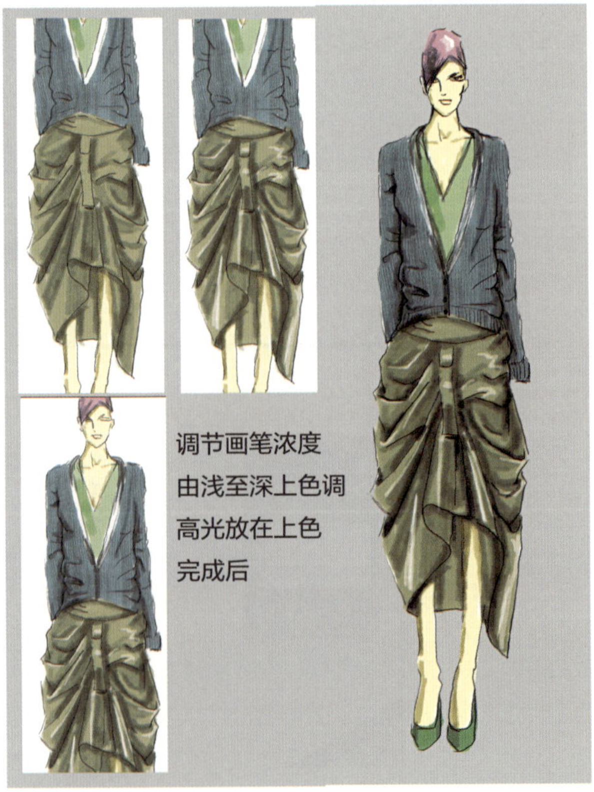

图4.1.31　数位板裙子结构表现（Ps）

【优秀传统文化】

唐代服饰的展现——《簪花仕女图》

《簪花仕女图》传为唐代周昉绘制，粗绢本设色画。作品现藏于辽宁省博物馆。

画中描绘了衣着艳丽的贵族妇女及其侍女于春夏之交赏花游园的场景。画作不设背景，以工笔重彩绘仕女五人，女侍一人，另有小狗、白鹤及辛夷花点缀其间。全图六个人物的主次、远近安排巧妙，景物衬托少而精。两只小狗、一只白鹤、一株辛黄花使原本显得孤立的人物产生了左右呼应、前后联系的关系。

半罩半露的透明织衫，使人物形象丰腴而华贵。而用笔和线条却细劲有神，流动多姿。浓丽的设色，头发的勾染、面部的晕色、衣着的装饰，都极尽工巧之能事，较好地表现了贵族妇女细腻柔嫩的肌肤和丝织物的纹饰。作品体现出贵族仕女养尊处优、无所事事、游戏于花蝶鹤犬之间的生活情态，表现了我国古代人民富足祥和的生活（图4.1.32、图4.1.33）。

图4.1.32 服装的衣纹顺着人的动作变化，使用白色提出衣纹边缘倒角的高光，富有立体感

图4.1.33 衣纹的线条疏密有致，衣褶处用深色表现光影效果

4.2 综合实训七 服装效果图绘制

综合实训七
服装效果图绘制

实训内容：使用数位板、绘图软件绘制服装效果图。

实训目的：掌握效果图的绘制方法。

实训要点：效果图服装与人体的关系。重点是根据人体动态绘制服装。

实训步骤：绘制人体—绘制服装轮廓—绘制服装结构—绘制服装影调—绘制细节与调整—样机应用。

注意事项：按照步骤完成，考虑服装与人体的关系。

4.2.1 数位板使用Ps软件设计效果图——以小西服设计为例

（1）绘制人体与头部。数位板设计为了提高效率，建议建立一个人体库，每次把画好的人体图放在人体库当中，使用的时候直接复制出来，在上面设计服装。

数位板绘制不同于纸上手绘，纸上手绘每次都需要再画一次人体，需要对人体结构非常了解，才能够在服装遮盖的情况下，准确表现看不见的人体结构。而如此很容易使设计者将大量精力放在表现人体上，服装设计更应该关注服装本身的设计，因此，建立人体库，能够提高设计效率。绘制人体库的人体，可以根据真实人物图片，也可以进行适当的夸张变形。绘制好以后通过更换服装款式、面料、细节和搭配等，选择最优的设计效果（图4.2.1）。

（2）绘制服装款式轮廓。在人体上绘制服装款式轮廓，调整服装的大小，例如衣服的长短正好盖过裙装的腰线，进行上下装搭配设计（图4.2.2）。

（3）绘制服装结构。绘制具体的服装内部结构，例如领子的造型，由于电脑绘制方便复制，可以设计多个领型结构提供参考（图4.2.3）。

（4）绘制服装影调。适当增加一些影调，如高光和阴影，增强服装的立体感（图4.2.4）。

（5）绘制细节与调整。绘制服装的各个细节，调整色调等（图4.2.5）。

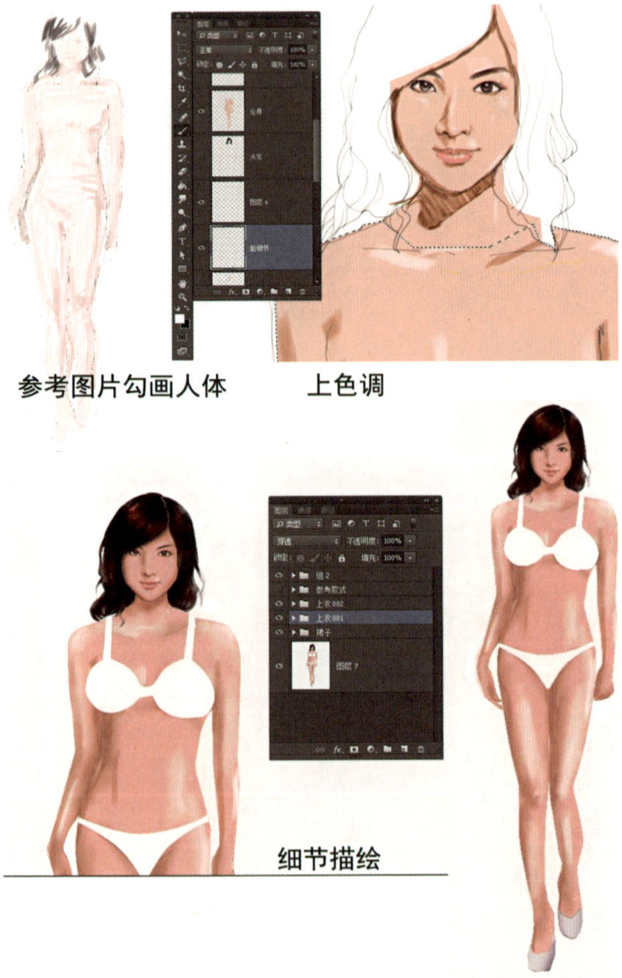

图4.2.1 建立人体库，选择适合的人物形象有利于更好地观察设计

服装款式设计

图4.2.2　绘制款式，使用高纯度颜色，便于以后通过色彩选择

进行色彩搭配设计

图4.2.3　改变领型，贴入不同面料

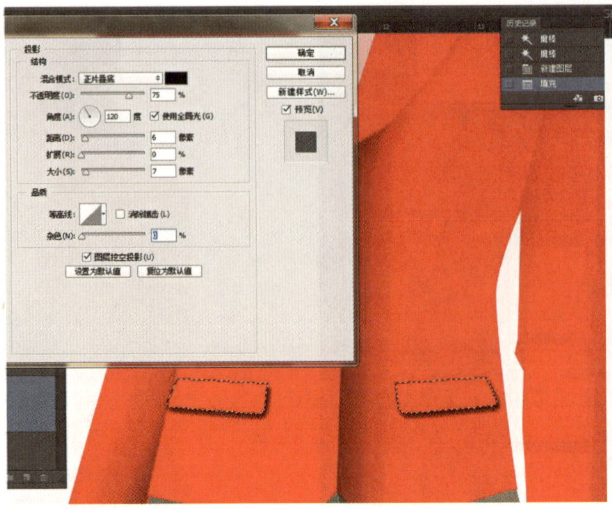

细节绘制

增加图层样式，添加投影

图4.2.4　影调使用一个图层，不会影响更换面料

款式变化设计

图4.2.5　调整各个部位的细节，制作可供选择的样机

4.2.2　数位板使用PS软件设计效果图——以女时装设计为例

数位板绘制人体线稿—确定人体颜色—绘制头发颌面部—绘制影调—新建图层，在人体上绘制设计线稿（图4.2.6、图4.2.7）。

绘制服装层次，先内衣后外衣，同时刻画细节，绘制上衣和下衣，牛仔裤贴图表现纹理，绘制上衣材质，使用不透明度调整，表现半透明效果（图4.2.8～图4.2.10）。

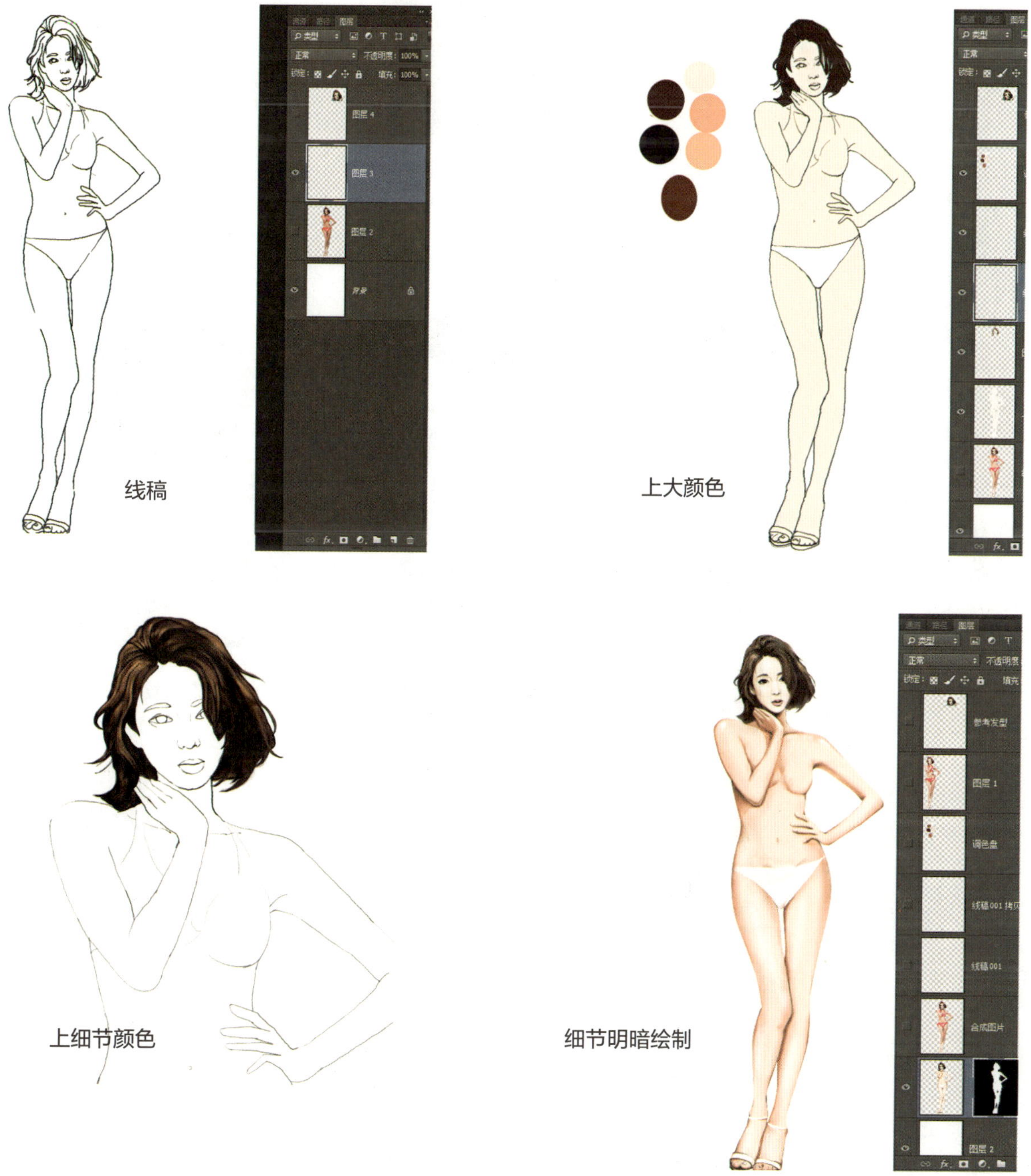

图4.2.6　数位板绘制人物形象，或从人物素材库选取

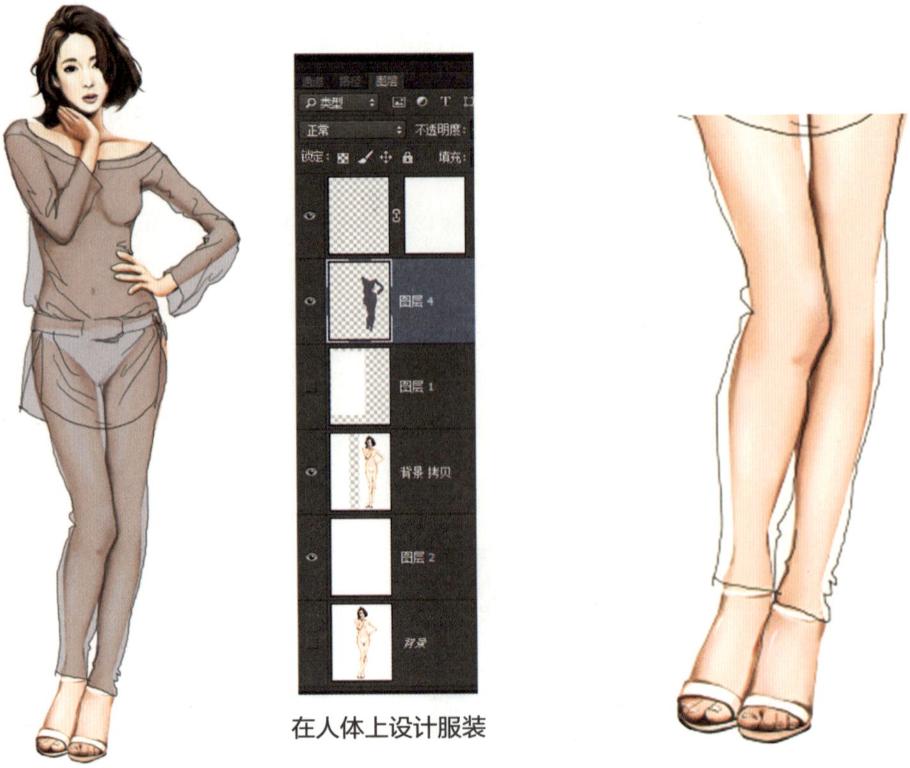

图4.2.7　在人体上设计服装线稿

图4.2.8　服装的细节设计与刻画

找一块牛仔布照片
拼合成裤子大小
粘贴入材质
适当调整材质透明度
加深减淡上调子
浅白勾部分边缘
绘制缝辑线
绘制配件和细节
调整不足之处

图4.2.9　牛仔裤的设计

图4.2.10　半透明印花材料的上衣设计

4.2.3　数位板使用Ps软件设计效果图——以婚纱设计为例

借鉴各种艺术形式获得设计素材，先画出人物细节，再绘制所穿的衣服，边画边设计边修改（图4.2.11～图4.2.13）。

4.2.4　数位板使用Ai软件设计效果图——以内衣设计为例

Ai设计效果图多用鼠标完成，因为很多细节需要用锚点调节，相对于Ps软件，Ai软件显得更细腻、整齐，可以说，数位板Ps软件绘制更接近于手绘效果，Ai则接近于平面设计制图。

Ai绘图的步骤也是先人体、再服装，先内衣、再外衣。采取先块面、后细节，先底色、后分割的步骤，不建议像手绘那样一开始就从头画到尾，被遮挡的内衣只画露出的一小部分，一张就是一张，无法变成多种组合。数码设计是将每件服装都画完整，即使是穿在最里面的衣服也要画完整。

克里姆特的画

学习大师风格 脸为大师另一幅画作参考

设计婚纱的轮廓造型

婚纱进一步设计

图4.2.11 借鉴绘画艺术绘制人物和服装

图4.2.12 设计出服装廓形和细节

图4.2.13 把效果图当成一幅画去设计绘制

哪怕是设计一件很厚的外套，也需要画里面的衣服。因为画每一层的时候是根据人体维度来描绘的，最里面贴体，越靠外，就一定比里面那一件要大一点，这样能够避免随心所欲的设计服装，使外面的服装走样（图4.2.14~图4.2.17）。

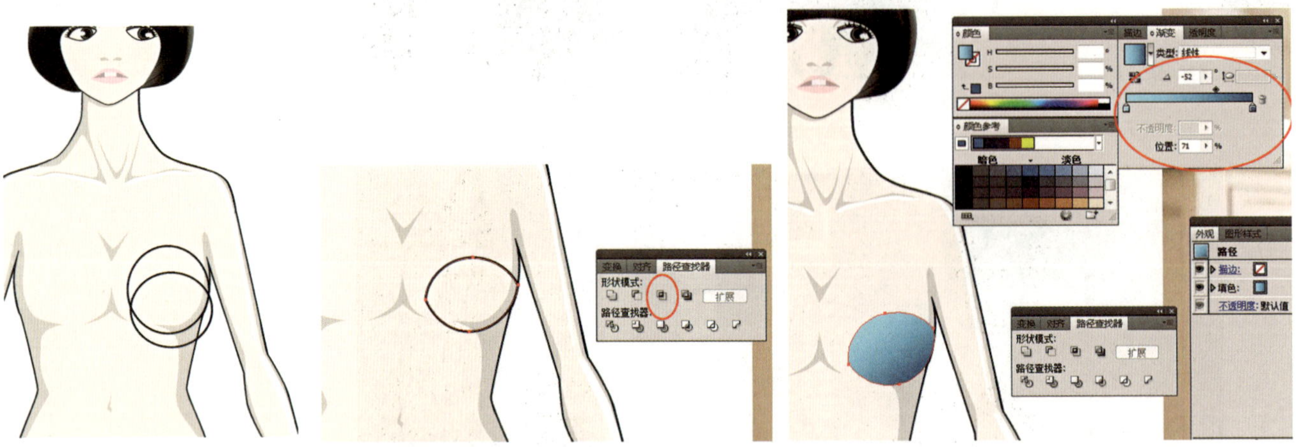

图4.2.14　通过形状工具在人体上设计服装形态

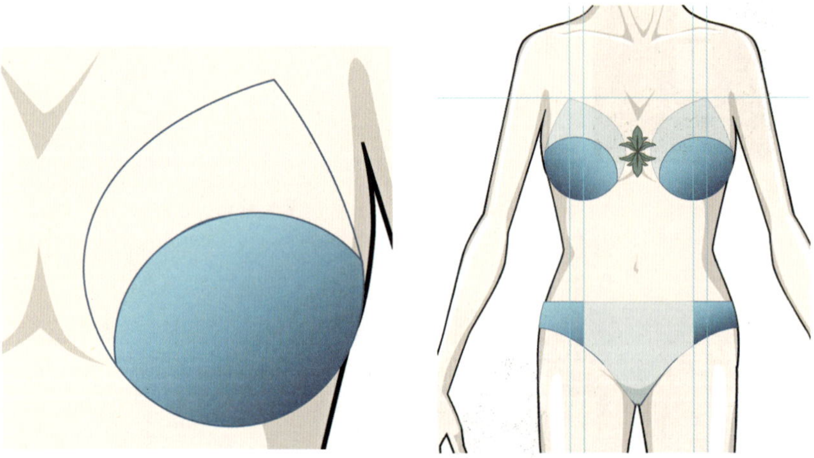

图4.2.15　廓形与色彩设计

图4.2.16　图形设计

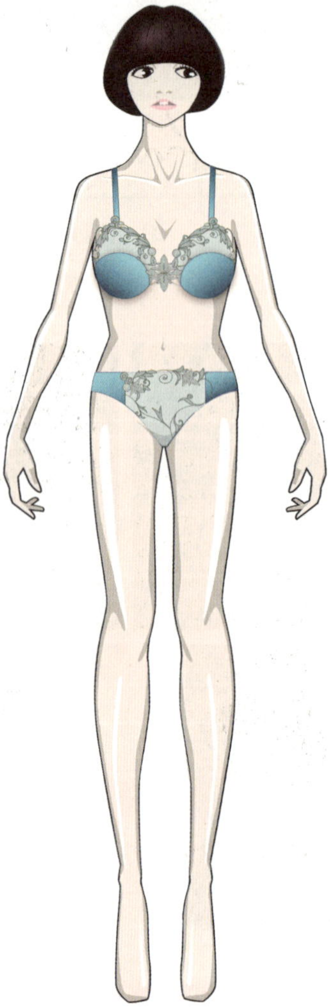

图4.2.17　内衣整体设计调整

4.2.5 数位板使用Ai软件设计效果图——以打底服装设计为例

打底服装设计（图4.2.18～图4.2.22）。

图4.2.18 贴身背心的材质设计

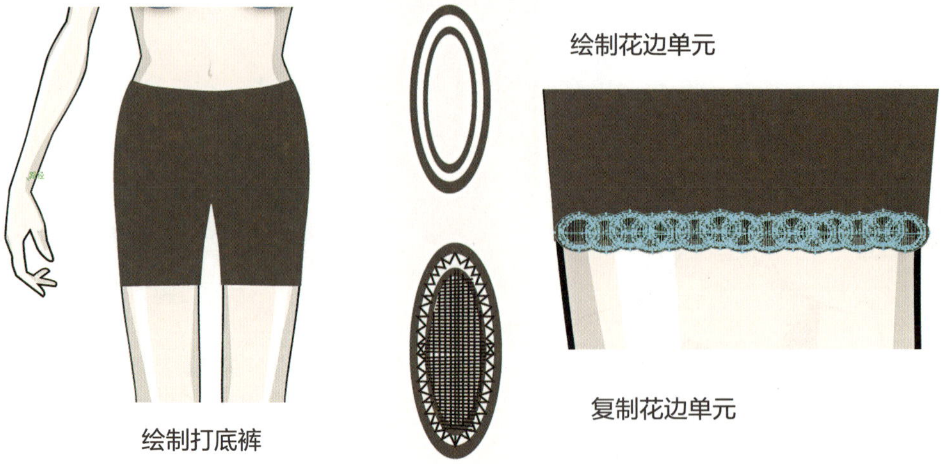

图4.2.19　短款打底裤花边设计

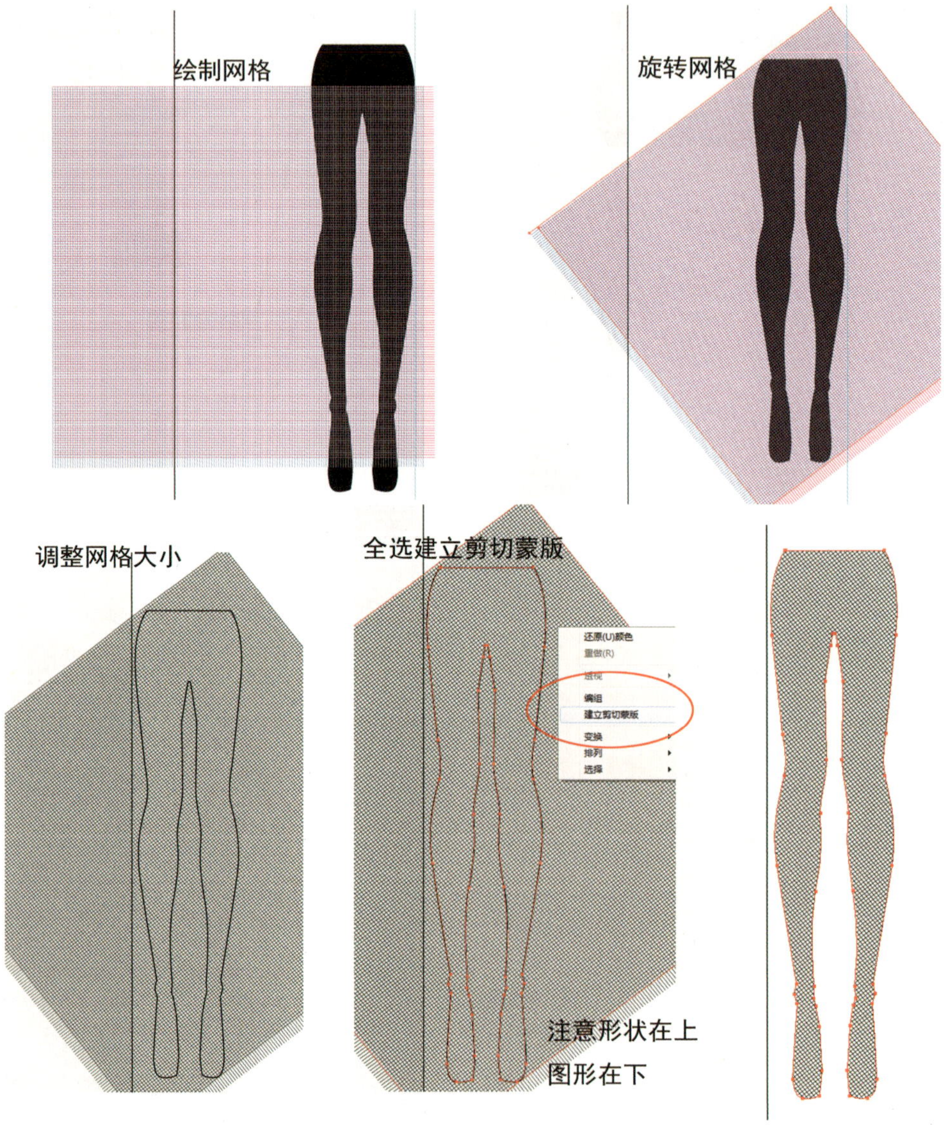

图4.2.20　丝袜网格绘制

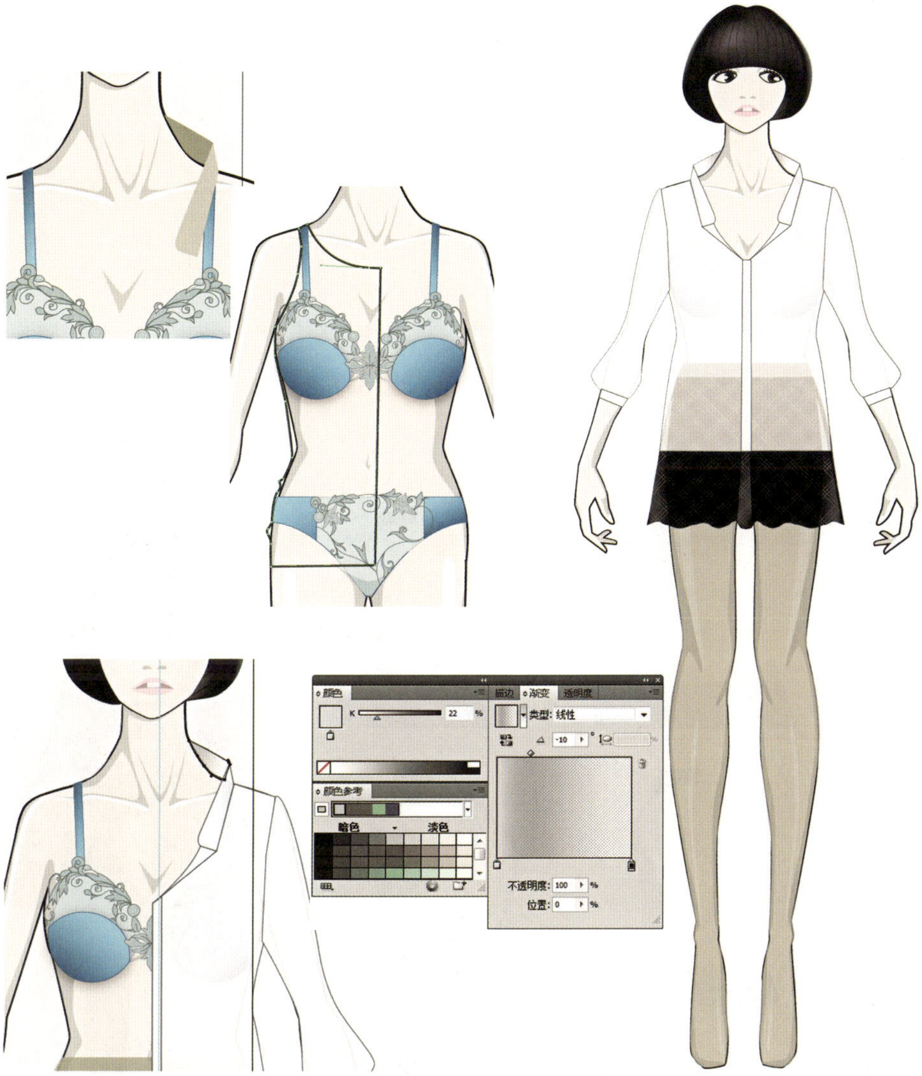

图4.2.21　小衬衣和短裙设计

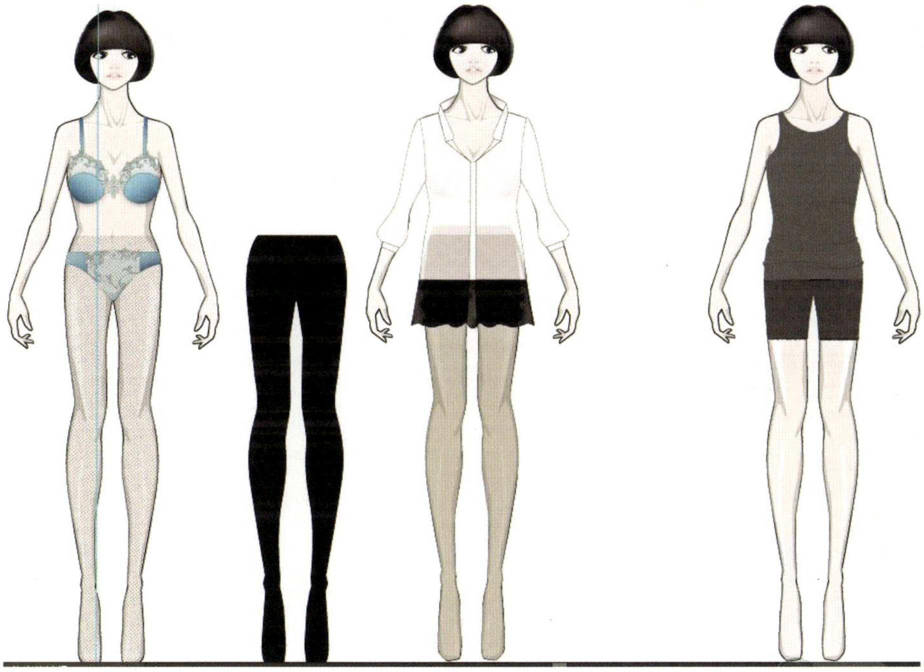

图4.2.22　打底类服装设计样机

【实训练习】

实训练习一：数位板使用Ai软件设计效果图——以防寒服装设计为例

要求设计与绘制防寒服装，使用数位板Ai软件绘制一幅效果图，不需要步骤，jpg格式，A4大小，参考步骤见图4.2.23～图4.2.26。

图4.2.23　防寒服款式设计

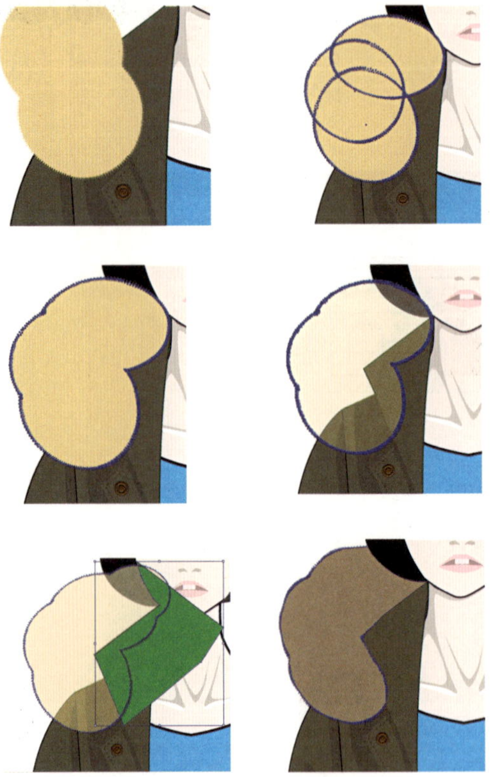

图4.2.25　毛领的形状与位置设计

图4.2.26　毛领防寒服整体搭配

绘制圆形

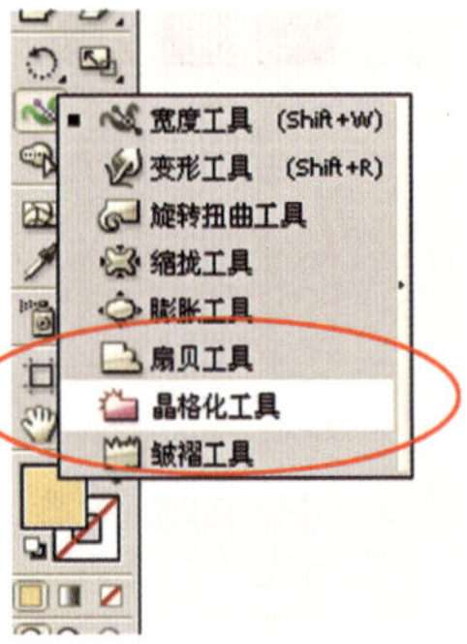

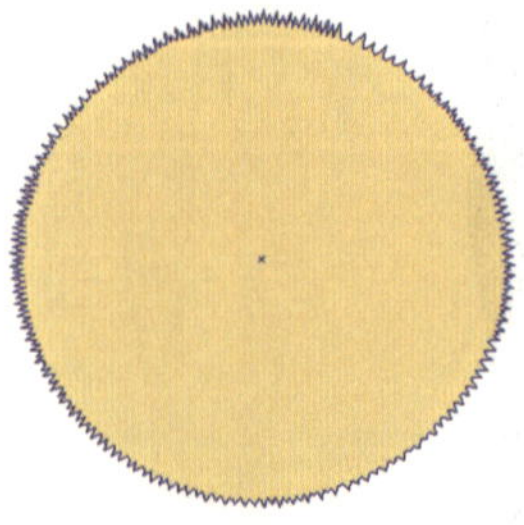

晶格化工具

图4.2.24　晶格化工具绘制毛领

实训练习二：田园风格女装设计与绘制

要求设计与绘制田园风格的女装，使用数位板Ai软件绘制一幅效果图，不需要步骤，jpg格式，A4大小，参考步骤见图4.2.27～图4.2.31。

图4.2.27　摊领小衫设计

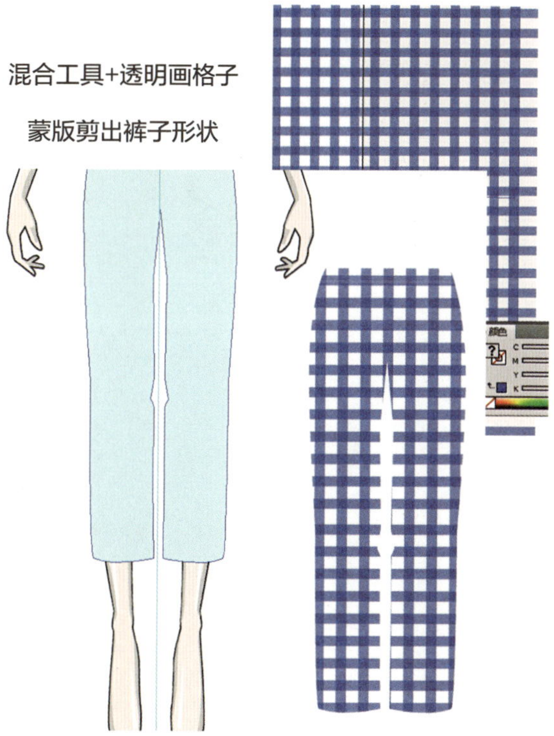

图4.2.28　七分宽脚格子裤设计

图4.2.29　裤腰花边设计

图4.2.30　其他部位设计

图4.2.31　森女系服装服饰整体形象设计

实训练习三：户外服装设计与绘制

要求设计与绘制户外服装，使用数位板Ai软件绘制一幅效果图，不需要步骤，jpg格式，A4大小，参考步骤见图4.2.32。

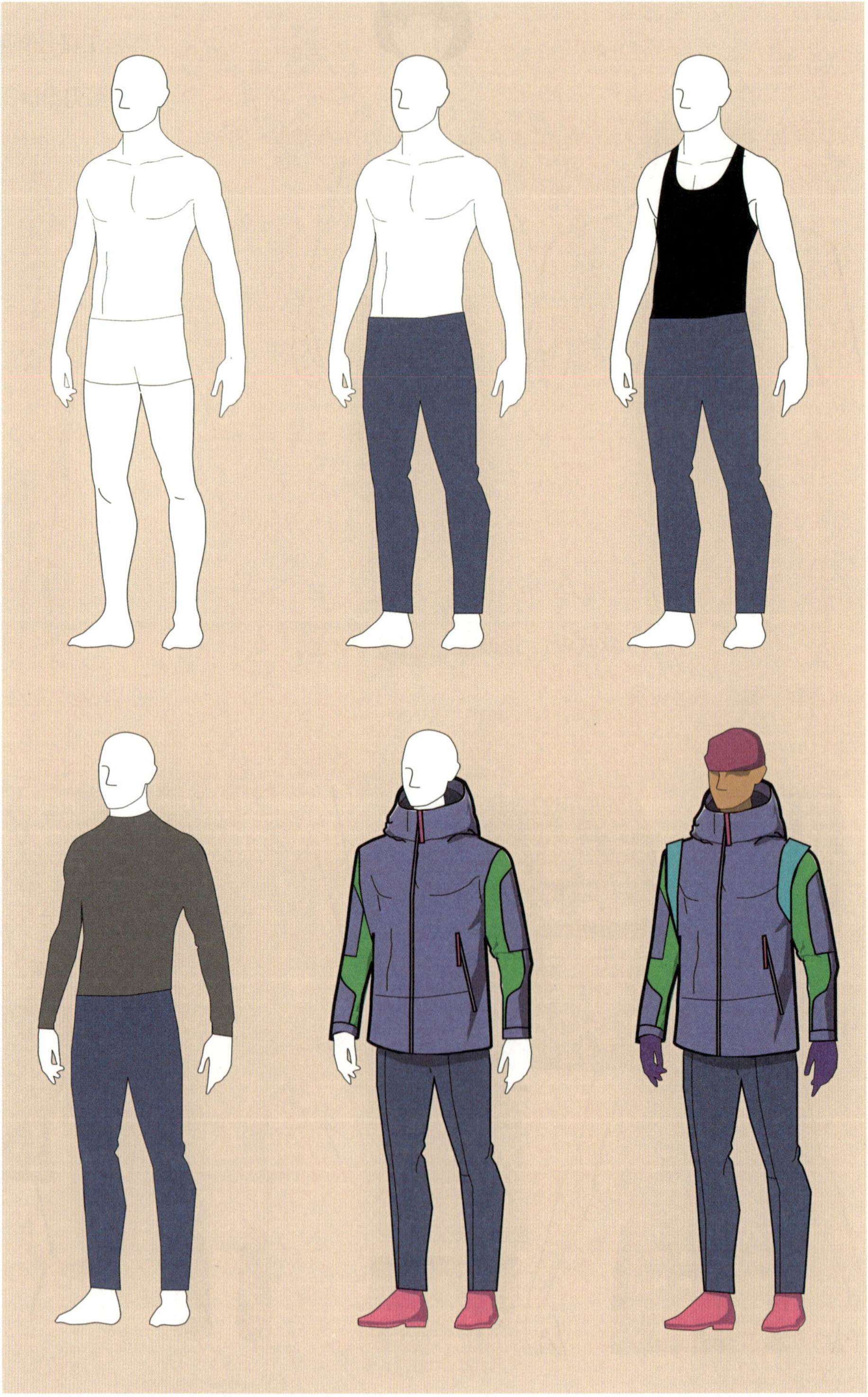

图4.2.32　户外服装设计步骤

实训练习四：童鞋设计构思图

要求设计与绘制童鞋，使用数位板Ps软件绘制一幅设计构思效果图，不需要步骤，jpg格式，A4大小，参考步骤见图4.2.33～图4.2.40。

童鞋设计步骤：

（1）确定主题。

迁徙—走向、童鞋—童话—《跟着飞屋去旅行》。

关键词：旅行、童话、快乐、浪漫。

（2）收集资料。

根据主题收集资料，灵感源、款式、色彩、材料、图形。

灵感源：《飞屋环游记》。

（3）设计要素提取。

灵感源：轻快、缤纷、快乐。

（4）设计与绘制。

（5）整体修整。

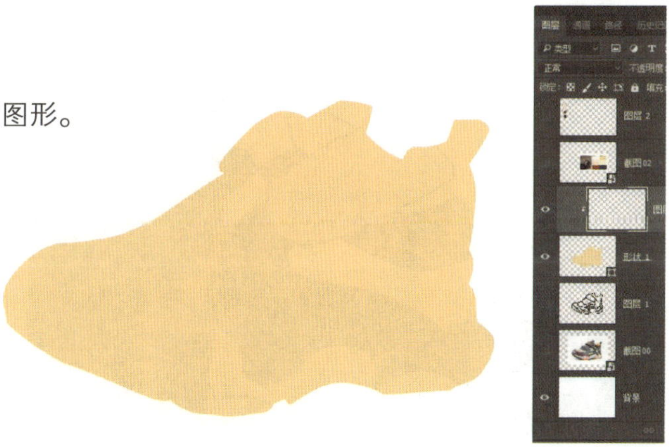

图4.2.35　调整确定外轮廓

图4.2.33　确定大致造型和颜色

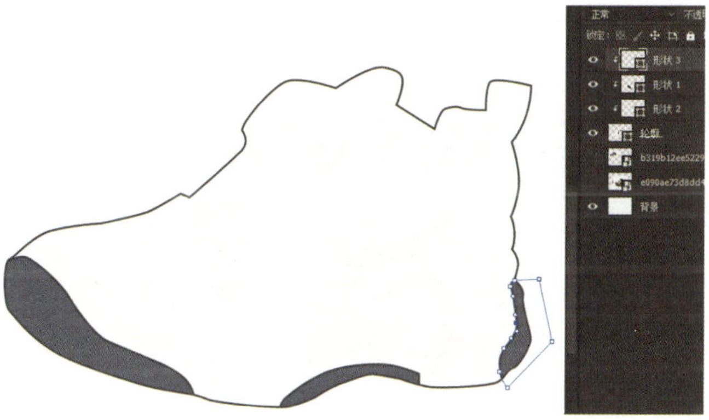

图4.2.36　内部结构分块绘制

图4.2.34　数位板绘制设计草图

图4.2.37　设计整体色彩搭配

图4.2.38 设计图形与纹理

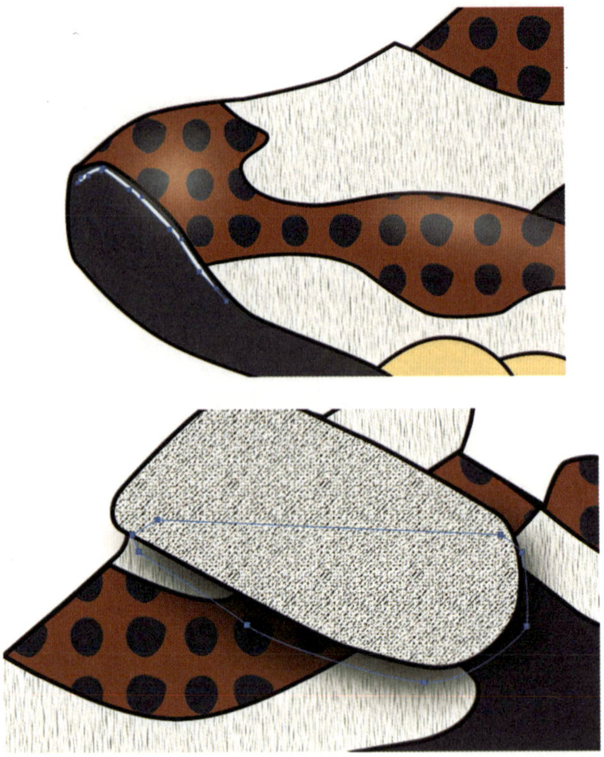

图4.2.39 绘制高光和投影

图4.2.40 完成设计构思效果图

【优秀传统文化】

中国古代绘画艺术的瑰宝——永乐宫壁画

永乐宫壁画是中国古代壁画的杰作，位于山西省芮城的永乐宫（又名大纯阳万寿宫），其是艺术价值极高的首推精美的大型壁画。它不仅是我国绘画史上的重要杰作，在世界绘画史上也是罕见的巨制。永乐宫壁画用传统的程式画法，使得近三百个形象无一雷同，让人叹为观止。作为唐、宋绘画艺术特别是壁画艺术的直接继承者，永乐宫壁画在我国绘画史上当占一席之地。整个壁画表现内容极为丰富，是研究绘画艺术和当时社会生活的生动资料。我们应该学习古人一丝不苟、精益求精的工匠精神，养成认真细致的工作习惯（图4.2.41）。

图4.2.41 精致细腻的永乐宫壁画（局部）